Sigrid Hess

Überleben in der Informationsflut

Sigrid Hess

Überleben in der Informationsflut

So behalten Sie die Kommunikation im Griff

REDLINE | VERLAG

Bibliografische Information der Deutschen Nationalbibliothek:
Die Deutsche Nationalbibliothek verzeichnet diese Publikation in der Deutschen Nationalbibliografie; detaillierte bibliografische Daten sind im Internet über **http://d-nb.de** abrufbar.

Für Fragen und Anregungen:
lektorat@redline-verlag.de

1. Auflage 2015

Nymphenburger Straße 86
D-80636 München
Tel.: 089 651285-0
Fax: 089 652096

Redaktion: Jana Stahl, Heidelberg
Umschlaggestaltung: Kristina Spörl, München, unter Verwendung von iStockphoto.com
Satz: Fotosatz Pfeifer
Druck: Konrad Triltsch GmbH, Ochsenfurt
Printed in Germany

ISBN Print 978-3-86881-573-3
ISBN E-Book (PDF) 978-3-86414-698-5
ISBN E-Book (EPUB, Mobi) 978-3-86414-699-2

Weitere Informationen zum Verlag finden Sie unter

www.redline-verlag.de

Beachten Sie auch unsere weiteren Verlage unter
www.muenchner-verlagsgruppe.de

Inhalt

Die Logistik der Information oder der Bodensee und das Wasserglas ... 7

1. Qualität im Büro – Wie gemeinsames Arbeiten gelingt.. 9

Kann einfach weniger die Lösung sein? ... 10
»Was machen Sie eigentlich den ganzen Tag?« – Von Kernprozessen, Unterstützungsprozessen und Planktonprozessen ... 11
»Wer braucht das wozu?« – Schnittstellen definieren ... 13
»Bekomme ich, was ich brauche?« – Wie die Qualität des Inputs stimmt ... 15
Ein Bild sagt mehr als 1.000 Worte: Administrative Prozesse visualisieren ... 28
Gutes braucht seine Zeit: Der PDCA-Zyklus für Veränderungen ... 33

2. Informationsmanagement – Die Spreu und der Weizen 37

Die Dosis macht das Gift – gezielt filtern ... 38
Wer das wissen muss – Wissensmanagement im Team ... 46
E-Mailen für Fortgeschrittene – Und wie man weniger E-Mails schreibt ... 53
Struktur für die digitale Ablage ... 60
Ordnung im digitalen Ordner ... 65

3. Das Überleben sichern – Segeln auf der Informationsflut 73

Den ganzen Tag geschuftet und nichts geschafft? ... 73
Zeitmanagement für heute und morgen: Effektivität, Effizienz und was wirklich hilft ... 80
Begleiten Sie sich freundlich durch den Tag ... 87
Agil im Team ... 92
Und immer wieder: Reden muss der Mensch ... 93

4. EDV-Praxis 95

Zeitsparmethoden in Outlook 95
Outlook-Ideen für Fortgeschrittene........ 103

5. Word – Arbeiten im Team 111

Gemeinsam an einem Dokument arbeiten –
Änderungen nachverfolgen........ 111
Zeitsparmethoden in Word 120
Checklisten und Formulare 126
Vorlagen für Fortgeschrittene........ 130

6. Excel 137

Vorlagen schnell und professionell........ 137
Filterfunktionen 144
Praxisbeispiel: Die Produktivitätsliste........ 150

7. OneNote 153

Der Tausendsassa für Informationsmanagement im
Team – Ein Einstieg[24] 153
Praxisbeispiel: Echtzeitprotokoll für eine Telefonkonferenz 160
Persönliches Informationsmanagement – Reiserecherche ... 165
Informationsmanagement im Team:
Das Büro-Handbuch 176
Das Notizbuch freigeben........ 183

Anhang........ 185

Über die Autorin........ 189

Literaturverzeichnis 191

Anmerkungen 193

Stichwortverzeichnis........ 195

Die Logistik der Information oder der Bodensee und das Wasserglas

Das Wissen, das unsere Großeltern während ihrer Schulzeit lernen konnten, verhält sich zu dem Wissen, das der Generation unserer Kinder heute zur Verfügung steht, wie ein Wasserglas zum Bodensee. Galt noch vor wenigen Generationen der Erwerb von Wissen als Privileg einiger weniger, die die nötigen Geldmittel dafür hatten, ist Wissen heute so billig wie nie in unerhörten Mengen zu haben.

Ich will die philosophische Dimension dieser Frage berufeneren Menschen überlassen. Mich interessiert die Informationsflut im Büroalltag. Wo behindert zu viel Information die Arbeit, statt sie zu fördern? Wie stellt ein Team oder eine Führungskraft sicher, dass die richtige Information in der richtigen Menge in der richtigen Qualität zum richtigen Zeitpunkt an der richtigen Stelle ist? Geht das überhaupt? Und in wessen Verantwortung liegt das?

Abläufe, Aufgaben und Prozesse sind komplexer geworden, die Taktung des Arbeitstages schneller, die Ansprüche vielerorts höher. Insgesamt hat sich die Arbeit verdichtet.

Schnell, gut (oder gar perfekt?), effizient, effektiv – und noch dazu in großen Mengen. So soll die Arbeit erledigt werden. Am besten immer. Niemand kann das dauerhaft leisten. Dennoch habe ich bei meinen Kunden, die oft in der Sachbearbeitung arbeiten, zumeist das Gefühl, dass sie sich unter genau diesem Druck sehen. Da ist ein Kollege krank geworden oder hat eine Kollegin gekündigt. Die Stelle wird nicht nachbesetzt, die Arbeit umverteilt. Aber Abstriche darf es nicht geben. Den direkten Vorgesetzten geht es dabei nicht besser. In einer Sandwichposition wird das mittlere Management aufgerieben zwischen Führungsverantwortung, Verantwortung gegenüber der eigenen Führungskraft und der Menge an Aufgaben auf der ausführenden Ebene.

Bei ständig hereinflutenden Themen, Informationen und Aufgaben muss man darum ringen, sich die Zeit für die Planung der Aufgaben zu nehmen. Nein, ich empfehle Ihnen jetzt nicht, sich am Vorabend einen detaillierten Plan für den Folgetag zu schreiben. Wenn Ihr Unternehmen im Schichtbetrieb arbeitet oder weltweit aktiv ist, wird das Aufgeschriebene in neun von zehn Fällen am folgenden Morgen nicht mehr aktuell sein. Es geht mir um einen anderen Aspekt: Kennen Sie Ihre Arbeit? Wirklich? Wissen Sie um die Prozesse, die über Ihren Tisch laufen? Kennen Sie die Intention des Empfängers Ihrer Arbeit? Wissen Sie um das Tun dessen, der Ihnen Informationen zuliefert? Welches Zahnrad des großen Getriebes ist genau das Ihre?

Dieses Wissen um die Abläufe, das Planen der Prozesse, hilft, genau die richtige Arbeit zu tun, in passgenauer Qualität. »Alles«, »immer«, »120-prozentig« – diese Begriffe sollten wir lächelnd verabschieden. An diesem Anspruch sind schon viele gescheitert. Es ist einfach nicht mehr möglich, immer alles zu wissen. Sie haben es in der Hand, zu welchen Informationen Sie Ja sagen und zu welchen Nein. Es braucht neue Herangehensweisen und das Überdenken von Ansprüchen und die Berücksichtigung dessen, was machbar ist. Lassen Sie uns nicht versuchen, den Bodensee leer zu trinken – wir lernen segeln!

1. Qualität im Büro – Wie gemeinsames Arbeiten gelingt

Der Begriff »Qualitätsmanagement« ruft ganz unterschiedliche Reaktionen hervor. Die Spanne geht von »Hab ich schon mal gehört, ist das was Gutes?« über »Na ja, muss man halt ...« bis zu »Lass mich damit bloß in Ruhe – davon bekomme ich Schweißausbrüche!«.

Meiner Erfahrung nach hängt es sehr von der Branche des Unternehmens ab, wie die Anforderungen in der Praxis umgesetzt werden. In der produzierenden Industrie ist das Qualitätsmanagement seit Jahrzehnten fest etabliert – in der Produktion. Keineswegs in den administrativen Abläufen. Schon seit Ende der 1980er-Jahre gibt es immer wieder Anläufe, die Idee des Qualitätsmanagements auch in den Büroetagen zu etablieren.

Die Schwierigkeit dabei ist, dass – im Gegensatz zur Produktion – der Fokus bei administrativen Aufgaben nicht in der Vermeidung von Fehlern liegen kann und sollte. Denn falsche Informationen sind gar nicht das Hauptproblem. Vielmehr ist es fehlende, zu spät eintreffende, diffuse, redundante oder einfach nicht verwertbare Information, die Schleifen im Prozess nötig macht.[1]

Die Methoden des Qualitätsmanagements auf die administrative Arbeit zu übertragen ist keine einfache Übung. Es klappt recht gut dort, wo es sich um stark strukturierte Büroprozesse handelt. Beim Erfassen von Kundendaten oder in der Finanzbuchhaltung, im Callcenter oder bei der Arbeitsvorbereitung kann man in weiten Teilen durchaus mit Kennzahlen arbeiten und einen aussagekräftigen Vergleich von der Qualität der Arbeit an verschiedenen Tagen oder Arbeitsplätzen erstellen. Immer dann, wenn die Arbeit in einer guten Form messbar ist.

Die Messbarkeit kommt aber schnell an ihre Grenzen, wo es um Kommunikation geht, um das gute Formulieren von Texten, um das reibungslose Organisieren von betrieblichem Miteinander. Genau dies sind jedoch die Hauptaufgaben sehr vieler Büroarbeitsplätze. Was also tun, wenn man den Wunsch hat, seine Arbeit zu kontrollieren, zu dokumentieren und letztlich zu verbessern?

Kann einfach weniger die Lösung sein?

Fragt man die Menschen in den Büros nach Assoziationen zur Informationsflut, hat eine große Zahl der Befragten ein überquellendes Postfach elektronischer Art vor Augen.

Meiner nicht wissenschaftlich belegten Beobachtung nach entstehen 80 Prozent des E-Mail-Aufkommens aus hausinternem Hin und Her. Absprachen hier, Rückfragen dort, „zur Info"-E-Mails und die Verteilung von Dokumenten in vielen Postfächern. Das Problem ist, dass die E-Mail eigentlich gar nicht das richtige Werkzeug ist, um all dies abzufangen. Viele verschiedene Aufgaben und auch Wissensdokumente kommen gleichzeitig im Postfach an. Mit unterschiedlichen Bearbeitungsabläufen sehr unterschiedlicher Priorität und auch verschiedenem Aufwand zur Erledigung. Aber alles kommt gleichermaßen über denselben Kanal in großer Menge herein. Der Besitzer des Postfaches muss sich schnell durch alles durcharbeiten und auch schnell Entscheidungen treffen. Das ist wirklich anstrengend. Kaum lässt die Aufmerksamkeit für das Postfach einmal nach, sind schon wieder Dutzende neuer E-Mails angekommen. In diesem Buch versuche ich einen Teil des Übels bei der Wurzel zu packen. Wenn Aufgaben, Abläufe und Prozesse geklärt sind, werden sehr viele interne E-Mails ganz überflüssig. Weil Rückfragen nicht nötig sind, wenn im Projektplan der Fortschritt zu sehen ist, weil nicht nach einer Vorlage gefahndet werden muss, wenn diese im genau bezeichneten Abteilungslaufwerk liegt, und weil Dokumente nicht mehr als Anhänge verschickt werden, sondern höchstens noch ein Link zum Speicherort.

»Was machen Sie eigentlich den ganzen Tag?« – Von Kernprozessen, Unterstützungsprozessen und Planktonprozessen

Ja, was machen Sie eigentlich den ganzen Tag? Diese Frage – ganz unvorbereitet einem Büromitarbeiter gestellt, hat meist ein »Ähhhh ...« und einige stockende Begriffe zur Folge. Konkretisiere ich die Frage: »Was steht denn in Ihrer Arbeitsplatzbeschreibung?«, oder: »Wofür bezahlt man Sie?«, geht es schon ein bisschen besser (Ausnahme: die Rückfrage »Welche Arbeitsplatzbeschreibung?«). Die Aufgaben, die dann genannt werden, sind im Allgemeinen die Kernaufgaben dieses Arbeitsplatzes.

Unterscheidung: Aufgabe – Prozess – Projekt

Diese drei Begriffe sind nicht trennscharf. Ich definiere hier so: Eine **Aufgabe** wird in der Regel von einer Person von Anfang bis Ende bearbeitet. Sie kann aus einem oder mehreren Schritten bestehen. Sie kann einmalig sein oder auch häufig erledigt werden.

Ein **Prozess** besteht aus mehreren Arbeitsschritten und findet wiederholt statt. Er kann in der Hand einer oder mehrerer Personen liegen.

Ein **Projekt** ist per definitionen einmalig und zeitlich begrenzt. Es führt in mehreren Schritten zu einem vorab festgelegten Ziel. Es sind fast immer mehrere Personen beteiligt.

Ein Kernprozess eines Unternehmens ist also das, was unmittelbar der Sache dient, mit der das Unternehmen am Markt ist, das, womit das Geld verdient wird.

Ein Unterstützungsprozess ist das, was getan werden muss, damit die Kernprozesse funktionieren. Im Unternehmen zum Beispiel das Einstellen von Mitarbeitern oder das Organisieren der Dienstwagen oder die Beschaffung von Tonerkartuschen. Ohne diese Prozesse geht es nicht, dennoch verdient das Unternehmen damit kein Geld.

Was sind die Unterstützungsprozesse an Ihrem Arbeitsplatz? Meine Kernaufgaben sind das Halten von Seminaren und das Schreiben von Fachtexten. Ein Kernprozess ist also das Vorbereiten eines Seminares – von der Themenrecherche über das Verfassen des Exposés bis hin zum Packen des Seminarkoffers.

Das Buchen der Reise zum Seminarort ist ein Unterstützungsprozess – wenn ich es selbst tue. Es ist jedoch ein Kernprozess für eine Mitarbeiterin der Veranstaltungsorganisation beim Anbieter des Seminares – wenn sie das für mich tut. Die Definition hängt also davon ab, aus welcher Perspektive der Prozess betrachtet wird.

Planktonprozesse

Danke an Wolf Steinbrecher für dieses herrliche Wort![2] Planktonprozesse sind der allfällige »Kleinkram«, der an jedem Arbeitsplatz anfällt. Ob es das Einarbeiten des neuen Praktikanten ist oder das Überfliegen und Weitergeben einer nicht so sehr wichtigen Fachzeitschrift oder das Prüfen und Weiterleiten der Urlaubsanträge. Diese Dinge sollten getan werden, manche müssen auch dokumentiert werden. Sie haben aber nicht wirklich Einfluss auf das Geschäftsergebnis Ihres Unternehmens und werden kaum beim Jahresgespräch mit Ihrer Führungskraft erwähnt werden.

70 – 20 – 10

Als Faustregel gilt: Investieren Sie 70 Prozent Ihrer Zeit und Kraft in Ihre Kernaufgaben, 20 Prozent in Unterstützungsaufgaben und achten Sie darauf, dass die Planktonaufgaben nicht mehr als 10 Prozent in Anspruch nehmen.

»Wer braucht das wozu?« – Schnittstellen definieren

Kennen Sie das Warum und Wozu jeder einzelnen Aufgabe, die Sie tun? Spontan sagen Sie vermutlich: »Ja, klar!« Denke Sie bitte mal einen Augenblick länger darüber nach.

Die wenigsten Aufgaben liegen von Anfang bis Ende in einer Hand. Viele Hände und Köpfe sind involviert, bis eine Sache fertig ist. Ein Kollege von mir hat in einem Unternehmen eine sieben Meter (!) lange Prozesslandkarte gestaltet – zusammen mit allen Mitarbeitenden in diesem Prozess in dreitägiger Arbeit. Jede Arbeitsgruppe gestaltete ihren Anteil am Ganzen. Bei der Abschlussveranstaltung gingen alle Beteiligten langsam an dieser Wand entlang. Es gab sehr viele Aha-Erlebnisse (»Ach so, dafür braucht ihr das!«) und eine ganze Menge an Optimierungsideen (»Dann liefere ich euch die Excel-Daten doch gleich als Liniendiagramm – das kann ich ganz fix mit einer Vorlage erledigen.«[3]). Die Gesamtschau auf den Prozess und seine Schnittstellen setzte Potenziale frei, an die vorher niemand gedacht hatte.

Was genau ist eine Schnittstelle? Immer dann, wenn eine Aufgabe von einer Hand in die andere wandert. Jede Schnittstelle ist wichtig für die Qualität des Gesamtprozesses.

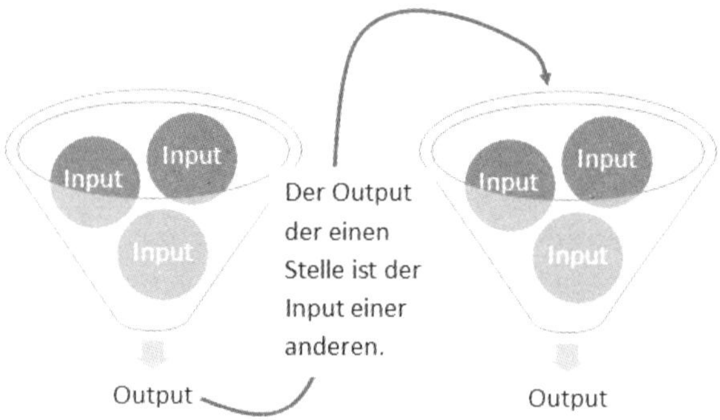

Abbildung 1: Input und Output

Drei Leitfragen:

- Ist die Qualität des Inputs genau die nachgefragte?
- Ist die Form der Übergabe definiert?
- Klappt das im Alltag?

Oder sind immer wieder Rückfragen, Nachfragen, Nachhak-Gespräche und Nachverfolgungsaktionen nötig, um die Sache zu Ende zu bringen?

Wenn es sich um einen Routineprozess innerhalb der Kernaufgaben handelt, sollte die Schnittstelle, das heißt der Übergang, genau definiert werden. Was aber nimmt man dafür? Eine Arbeitsanweisung? Eine Checkliste? Ein Formular? Oder einfach ein klärendes Gespräch?

Leider wird über bestehende Prozesse erst dann nachgedacht, wenn irgendetwas schiefgelaufen ist. Dann werden Ressourcen bereitgestellt, um den Prozess zu optimieren. Gehen wir gedanklich mal an den Anfang: Eine neue Aufgabe soll erledigt werden. Schreibt man sofort eine Checkliste? Nein, meist ginge das nicht mal, wenn man wollte. Denn man kennt die Aufgabe und die Notwendigkeiten noch gar nicht. Also wird die Aufgabe erst mal »irgendwie« erledigt. Hat das gut geklappt – na ja, es hat sich zumindest niemand beschwert – macht man es beim nächsten Mal wieder so, wenn man sich noch erinnern kann. Sonst erfindet man das Rad eben wieder neu.

Optimierung ohne Druck

Es gibt also gar keinen Zeitpunkt in der Arbeitsroutine, der sich selbstverständlich für eine Optimierung oder auch nur eine Beleuchtung eines Prozesses anböte. Ganz ehrlich: Jeder Zeitpunkt ist gut dafür, außer einem: Wenn unter erheblichem Termindruck das Qualitätsmanagement-Handbuch erstellt oder aktualisiert werden muss! Meine Faustregel: Wenn Sie eine Aufgabe zum fünften Mal machen, überlegen Sie sich, ob das besser, leichter oder einfacher ginge. Fragen Sie den Empfänger Ihrer Arbeit, ob er oder sie das Richtige bekommen hat oder ob es vielleicht mit einer einfacheren Version davon auch getan wäre. Schauen Sie auch den Input an, dessen Empfänger Sie sind: Haben Sie alle Informationen in einer passenden Weise und zeitgerecht erhalten? Falls nicht, sprechen Sie mit Ihren »Zulieferern« und sagen Sie klar, was Sie wie benötigen. Dann kann auch eine Checkliste oder ein Formular hilfreich sein.

»Bekomme ich, was ich brauche?« – Wie die Qualität des Inputs stimmt

»Und wie genau soll ich das machen? Ich bin ja schon froh, wenn ich die Leute, die das machen, überhaupt zu Gesicht bekomme!« Dies ist der häufigste Einwand an dieser Stelle. Die Frage, wie Sie Besseres als bisher bekommen sollen, in einer Zeit, in der niemand Arbeitskraft übrig hat, ist berechtigt. Gehen Sie mit mir auf eine kleine Gedankenreise: Welche Aufgaben erledigen Sie selbst am schnellsten? Natürlich die dringenden und wichtigen. Die Aufgaben mit höchster

Priorität. Und dann? Meiner Beobachtung nach klaffen dann schnell Theorie und Praxis auseinander.

Meist greift man zu den Aufgaben, die sich zügig, ohne zusätzliches Nachdenken, Rückfragen oder Suchen nach weiteren Dokumenten erledigen lassen. **Die Aufgaben, bei denen das Vorgehen klar ist und die dazu benötigten Informationen leicht verfügbar sind, werden am schnellsten erledigt.**

Also: Es werden die Aufgaben am ehesten erledigt, bei denen Auftrag, Vorgehensweise und Ziel ganz klar sind!

Im Umkehrschluss heißt das also: Wenn Sie die Qualität des Inputs, den Sie erhalten, verbessern wollen, machen Sie es Ihren Zulieferern leicht. Mit einer Checkliste, einem benutzerfreundlichen Formular oder einem Ablaufplan gelingt das. Nicht als gängelnde Vorschrift, sondern als Hilfe und Arbeitserleichterung. So ist genau geklärt, was zu erledigen ist, und niemand arbeitet an den Anforderungen vorbei oder produziert Ergebnisse für den Papierkorb.

Brauche ich Checklisten?

> »Checklisten verhindern, dass vernünftige Leute dumme Fehler machen.«[4]

Was genau ist eigentlich eine Checkliste? Manche stellen sich darunter ein Blatt vor, mit Kästchen und Anweisungen, die dann nacheinander abgehakt werden müssen. So eher in Richtung »idiotensichere Anleitung für Anfänger«.

Manche haben eine Packliste für Geschäfts- oder Urlaubsreisen. Das ist – einmal erstellt – eine prima Erleichterung. Spart Kopfzerbrechen, Adrenalin und auch teure Nachkäufe am Zielort. In der Theorie stimmen viele der Aussage »Eine Checkliste ist etwas Nützliches« ohne Weiteres zu. In der Praxis begegnen mir allerdings wenige gut geplante und auch tatsächlich benutzte Checklisten. Die meisten entstehen aus Eigeninitiative heraus. Aber um eine Schnittstelle zu definieren und die Übergabe eines Arbeitspaketes zu standardisieren – Fehlanzeige. Warum nur?

Auf das Thema wirklich aufmerksam gemacht hat mich mein Kollege Jan Fischbach in einem Blogartikel – dort schreibt er:

»Checklisten sind das Prozessgedächtnis von Teams«.[5]

Wann also ist eine Checkliste das richtige Werkzeug?

- Eine bestimmte Aufgabe muss zum Gelingen in festgelegten Schritten nacheinander abgearbeitet werden (Beispiel Maschinenreinigung in Produktionsanlagen bei Werkzeugwechsel)

oder:

- Zur Erledigung eines Auftrages sind verschiedene Bausteine nötig, die Reihenfolge ist nicht wichtig. Allerdings darf kein einziger vergessen werden, sonst ist die ganze Arbeit misslungen (Beispiel Reiseplanung: Flug, Hotel und Mietwagen müssen gebucht werden).

Es gibt grundsätzlich zwei verschiedene Kategorien von Checklisten: Read-Do und Do-Confirm.

Read-Do

Eine Read-Do-Checkliste ist eine Form einer Aufgabenbeschreibung. Sie eignet sich gut als Einarbeitungshilfe oder zur Unterstützung bei einer selten ausgeführten Aufgabe. Sehr wahrscheinlich besitzen Sie eine größere Sammlung von Read-Do-Checklisten – in Form eines Kochbuchs in Ihrer Küche. In der Bürowelt sind mir solche Read-Do-Checklisten noch viel zu selten. Denn sie sind verhältnismäßig schnell gemacht und ungemein nützlich. Dabei spreche ich jetzt nicht von einfachen »Kochrezepten«, beispielsweise für das Ausführen eines Serienbrief-Etikettendruckes, sondern vom Definieren von Schnittstellen. Der Übergabe eines Aufgaben- oder Informationspaketes zur Weiterarbeit.

Nehmen wir als Beispiel die Ausschreibung einer vakanten Stelle in einem Unternehmen. Die Personalabteilung kennt verschiedene Wege, diese Information an mögliche neue Mitarbeiter zu bringen. Da wäre zunächst der interne Aushang am »Schwarzen Brett« und das digitale Äquivalent im Intranet. Um potenzielle externe Bewerber anzusprechen, gibt es viele unterschiedliche Wege. Zunächst die Zeitungsanzeige, mittlerweile bedeutender ist die Ausschreibung in Internetstellenbörsen oder die Suche über Social-Media-Kanäle wie zum Beispiel XING oder LinkedIn. Personalprofis wissen, dass man einen Mitarbeiter für die Kantine über ganz andere Wege sucht als einen Bereichsleiter Entwicklung. Hier gibt es viel zu wissen. Von Ansprechpartnern bei den bevorzugten Zeitungen bis zu Zugangscodes und üblichem Wording für die verschiedenen Internetstellenbörsen.

Um diesen Prozess sauber aufzusetzen und auch vertretungssicher zu gestalten, böte sich eine Read-Do-Checkliste an. Wie bei einem Kochrezept wird festgehalten, welche Kanäle wie zu bedienen sind, worauf zu achten ist und auch welche Vorlagen dafür hilfreich sind. Dann kann auch ein neuer Mitarbeiter diese komplexe Aufgabe ohne häufige Rückfragen und vor allem ohne Pannen erledigen.

Do-Confirm

Die ersten Jahre meines Berufslebens verbrachte ich in der produzierenden Pharmaindustrie. Wenn auf einer Verpackungslinie von einem Medikament auf das andere gewechselt werden sollte, setzte ein unglaublich umfangreicher Prozess ein. Sicher haben Sie schon einmal eine Tablette aus ihrer Blisterverpackung gedrückt. Aber wie kommt die dort hinein? Das passiert auf vielen Meter langen Fertigungsstraßen, vorne befinden sich die Tabletten in großen Behältern und die transparente Deckfolie ist auf einer großen Rolle. Die Folie wird leicht erhitzt und in Edelstahlformen tiefgezogen. So entstehen die Mulden, die die Tabletten aufnehmen. Dann werden automatisch die Tabletten eingelegt und darüber kommt die Alufolie, die dann fest mit der transparenten Folie verbunden wird. Wenn nun eine andere Sorte Tabletten auf dieser Straße gefertigt werden soll, müssen alle Folien und Werkzeuge gewechselt werden. Und die Maschine selbst wird akribisch gereinigt, um zu verhindern, dass sich irgendwo noch eine Tablette der Vorgängercharge versteckt hat, die dann plötzlich im nächsten Produkt auftaucht. Es käme zur gefürchteten »Cross-Contamination«. Dass diese Aktion ihre Zeit braucht, ist klar. Auch klar ist, dass jede Minute Stillstand Geld kostet. Allerdings darf bei dieser Aktion wirklich nichts schiefgehen. Wenn auf den Schmerztabletten die Alufolie der Blutzuckersenker landet, ist die ganze Charge ein Fall für den Müll. Noch übler würde es ausgehen, wenn ein Patient in seiner Blisterpackung eine Tablette fände, die dort nicht hineingehört und damit – richtigerweise – zum Apotheker geht. Das hätte eine sehr teure, aufwendige und peinliche Rückrufaktion zur Folge. Also: Schnell gehen muss die Sache, schiefgehen darf dabei nichts!

Hier wird mit Do-Confirm-Checklisten gearbeitet.

Jeder Schritt des Zerlegens, Reinigens, Aufbauens und Prüfens ist ganz genau festgelegt. Der verantwortliche Mitarbeiter zeichnet jeden Schritt ab und bestätigt anschließend die gesamte Aktion mit Namen, Datum und Uhrzeit. Diese Protokolle werden sorgfältig verwahrt, sie sind ein wichtiger Teil der Dokumentation. Dieses Beispiel aus der Produktion lässt sich übertragen. Eine Werbeagentur erstellt ein umfangreiches Angebot für die Markteinführung eines neuen Haarpflegeproduktes. Vor der Livepräsentation, die vor Ort beim Kunden stattfindet, erhält dieser vorab eine Präsentationsmappe.

Was in einer solchen Mappe enthalten sein muss, ist immer gleich. Vom Anschreiben (mit Unterschrift!) über den Entwurf einer Anzeige für den Abdruck in einer Zeitschrift bis zur Zip-Datei auf einer besonders etikettierten CD. Kein Teil darf vergessen werden. Auch muss der richtige Ordner (mit dem aktuellen Logo) benutzt und beschriftet werden und viele Kleinigkeiten mehr.

Für diesen Prozess ist das sorgfältige Erstellen einer Do-Confirm-Checkliste eine Arbeit, die sich rasch auszahlen wird.

Oder brauche ich ein Formular?

Vereinfacht: **Eine Checkliste ist ein Prüfwerkzeug, ein Formular ist ein Abfragewerkzeug.**

Die Antworten auf die Checklisteneinträge sind immer Ja/Nein oder erledigt/nicht erledigt.

Ein Formular fragt detaillierter ab. Nehmen wir noch einmal das Personalbeschaffungsbeispiel – einen Schritt früher als oben: Eine Fachabteilung möchte eine neue Kraft einstellen, dies wurde auch bereits genehmigt. Nun braucht die Personalabteilung von der Fachabteilung Informationen, sowohl zur vakanten Position als auch zum gewünschten Profil eines Bewerbers. Um das vollständig und effizient abzufragen, setzt die Personalabteilung ein Formular ein, das von der Fachabteilung ausgefüllt wird. In dem Formular gibt es sowohl Ja/Nein-Felder als auch Felder zur Eingabe von Freitext und sicher auch Auswahlfelder. Hausinterne Formulare werden heute zum Großteil elektronisch ausgefüllt. Beziehungsweise wünschen sich viele Ausfüllende die für sie unkomplizierte Bedienung. Wenn ein Formular ausgedruckt und per Hand ausgefüllt werden soll, empfinden viele das als Zumutung. Technisch ist der Aufbau solcher elektronisch auszufüllender Formulare stark von der verwendeten Software abhängig. Word macht das recht gut, fasst allerdings nicht die Ergebnisse mehrerer Formulare zusammen. Die Webanwendung von Excel hat ein überraschend gutes Umfragetool. Mein Favorit ist allerdings der Adobe Acrobat. Sehr häufig ist dieser in Unternehmen verfügbar, aber kaum jemand weiß von den Möglichkeiten. Die Formularerstellung ist hervorragend.

Ganz ohne Software: Konzeption eines Formulars

Egal, welche Software Sie benutzen werden: Wenn Sie ein Formular planen, beginnen Sie am besten mit Papier und Bleistift. Erste Frage: Wer soll das Formular wann und mit welchem Hilfsmittel ausfüllen? Wird diese Person am PC sitzen und auch am PC das Formular ausfüllen wollen? Dann bieten Sie bitte diese Möglichkeit. Ich höre in letzter Zeit häufig Unmut, wenn ein Formular ausgedruckt, per Hand ausgefüllt und dann wieder eingescannt oder – man stelle sich vor – gar im Briefumschlag mit Briefmarke verschickt werden muss. Das wird dann entweder gar nicht oder nur unter Murren gemacht. Die Hürde, solch einen zweifachen Medienbruch (einmal ausdrucken, dann wieder einscannen) zu akzeptieren, ist ziemlich hoch. Zumal auch nicht an jedem Arbeitsplatz ein Scanner zur Verfügung steht.

Zwei Beispiele für einen Medienbruch:

- Sie sehen im Internet eine Veranstaltung, zu der Sie gehen möchten. Gerne wollen Sie dann die Anmeldung auch online ausfüllen und verschicken. Wenn die Teilnahmegebühr auch gleich angewiesen werden kann, ist das perfekt. Ein Medienbruch wäre, wenn die Anmeldung zuerst ausgedruckt und dann verschickt werden müsste.
- Sie haben Kleidung bestellt und wollen nun etwas zurückschicken. Es ist gut, wenn sich das mit Kugelschreiber und Klebeband erledigen lässt, weil das Rücksendeformular leicht per Hand auszufüllen ist und schon beiliegt. Ebenso der Retourenaufkleber für das Paket. Denn wer Kleidung prüft, sitzt eher nicht am PC. Es ist wenig kundenfreundlich zu verlangen, zuerst online einen Rücksendeantrag zu stellen und/oder online einen Fragebogen auszufüllen.

Die akzeptable Form eines Formulars

Grundsätzlich gilt: So lang wie nötig, so kurz wie möglich. Wir alle kennen Formulare, die winzig gedruckt, in umständlicher Sprache geschrieben und fünf Seiten lang sind. Die Motivation, das auszufüllen, ist eher gering. Das tue ich, wenn ich unbedingt muss oder wenn das, was ich mit diesem Formular erreichen will, sehr begehrenswert ist. Aber gerne mache ich das nicht. Dagegen fülle ich ein eher kurzes, übersichtliches Formular »eben mal rasch« aus.

Was heißt das für den Ersteller des Formulars? Je mehr Sie selbst Interesse an einem hohen und schnellen Rücklauf haben, umso mehr Wert sollten Sie auf Kürze, Prägnanz und klare Gestaltung des Formulars legen. Möchten Sie die Bearbeitenden eher abschrecken und wenige Daten zurückerhalten (auch das gibt es – Gerüchten zufolge – immer wieder), dann beachten Sie unbedingt die folgenden Punkte:

So wird Ihr Formular garantiert <u>nicht</u> ausgefüllt

- Stellen Sie das Formular in einem seltenen Grafik-Format zur Verfügung, sodass man sich erst mal einen Konverter herunterladen muss, um es öffnen zu können.
- Wählen Sie eine kleine Schriftart und keinesfalls mehr als einzeiligen Zeilenabstand.
- Fragen Sie zuerst alle möglichen und unmöglichen Kopfdaten ab (zum Beispiel Geburtsdatum und -ort, Anzahl der Fortbildungstage in den letzten acht Jahren und deren genaue Dauer …)
- Wechseln Sie wild zwischen Fragen zum Ankreuzen und Fragen zum freien Beantworten. Lassen Sie beim freien Beantworten aber möglichst wenig Platz.
- Machen Sie es unmöglich, am PC auszufüllen – oder noch besser: Man kann am PC ausfüllen, das aber nicht speichern und verschicken, sondern muss es dann erst ausdrucken.
- Natürlich ist es auch unmöglich, die Kopfdaten für einen eventuellen zweiten Fragebogen zu sichern.

Was wollen Sie eigentlich wissen?

So, jetzt wieder ernsthaft: Worum genau geht es Ihnen? Was ist Ihr Ziel, wie genau geht Ihr Prozess weiter? Wollen Sie eine große Menge Daten erfassen und diese auch digital auswerten? Dann ist Freitext, den die Ausfüllenden eingeben können, Gift für Sie. Denn diese Ergebnisse lassen sich nicht gut in elektronisch verarbeitbare Daten umwandeln. Es bleibt immer dieser Text, den es zu lesen und mit menschlichem Denken auszuwerten gilt.

Viel einfacher haben Sie es mit Kontrollkästchen zum Ankreuzen (zum Beispiel Ja/Nein) oder auch mit Drop-down-Boxen, bei denen eine vorgegebene Antwort auszuwählen ist. Damit können Sie eine saubere statistische Auswertung machen. Das geht mit Freitext, den Sie eingeben lassen, gar nicht. Andererseits: Wenn Sie wirklich wissen möchten, wie es den Befragten geht, erfahren Sie in frei geschriebenen Texten sehr viel mehr! Ein Beispiel aus meiner Berufspraxis: Sie kennen alle die Bewertungsbogen am Ende eines Seminares. Bei einem Seminaranbieter war es lange so, dass praktisch nur mit Freitext geantwortet wurde. Aus diesen Antworten las ich wesentlich interessantere Informationen heraus als aus »Ankreuzbogen«. Letztere suggerieren manches Mal eine Vergleichbarkeit, wo an sich keine gegeben ist. Die echte Aussage erhält man erst mit sehr vielen Daten. Also eignet sich als Faustregel durchaus: Je mehr Datenvolumen, umso weniger Freitext anbieten.

Ich bemühe noch einmal das Beispiel von oben: das Retournieren von Kleidung an ein Versandhaus: »Warum wollen Sie den Artikel nicht behalten?« Es gibt eine Auswahl von Antworten, aber immer auch die Möglichkeit, »Sonstiges« zu wählen (an alle, die diese Formulare machen: Mir fehlt die Möglichkeit »steht mir nicht«). Das ist gut so, denn es werden viele Daten erhoben, es soll auffallen, wenn eine Jacke häufig wegen zu kurzer Ärmel zurückgeschickt wird. Arbeitet das Versandhaus kundenfreundlich, macht sich dort jemand die Mühe, diese Daten aus der papierhaften Form in die digitale zu überführen. Verlangt ein Versandhaus das digitale Ausfüllen des Rücksendeformulars, wird diese Arbeit an den Kunden delegiert.

Wenn Sie selbst ein Formular entwickeln, überlegen Sie sorgfältig: Welche Informationen brauchen Sie wirklich? Schreiben Sie Ihre Fragen – am besten mit Stift auf Papier – so hintereinander auf, wie sie Ihnen einfallen. Fragen Sie eher »was« oder »wie« oder »warum«? Warum-Fragen lassen sich meist nicht erschöpfend mit einer Vorauswahl von Antworten beantworten, hier muss immer eine Möglichkeit sein, »etwas Anderes« zu wählen.

Hier ist eine kleine Matrix, die Ihnen hilft, Ihre Gedanken als Rohentwurf zu Papier zu bringen. Schreiben Sie auf, was Sie wissen wollen oder müssen und überlegen Sie, in welcher Form Sie die Antwort haben wollen. Wichtig ist auch die Definition, was ein Pflichtfeld ist, das heißt auf welche Information nicht verzichtet werden kann.

Meine Frage	**Ankreuzen**	**Auswahl**	**Freitext**	**Pflichtfeld**
			ja	**nein**

Tabelle 1: Sammlung für ein Formular

Sprechen Sie die Ausfüllenden am besten persönlich an. Wenn es ein Online-Fragebogen ist, bei dem die Fragen erst nacheinander erscheinen, lassen Sie die Ausfüllenden wissen, wie weit sie gediehen sind (Frage 5 von 20 oder auch ein Fortschrittsbalken am Bildrand).

Praxisbeispiel

In einem Wäschegeschäft, das auf Dessous in weniger gängigen Größen spezialisiert ist,[6] müssen für Privatkundinnen häufig Sonderbestellungen ausgeführt werden. Dabei spielt die Kommunikation eine sehr wichtige Rolle – sowohl im Kontakt mit der Kundin als auch in der Kommunikation der Mitarbeiterinnen untereinander. Dabei gibt es viele Möglichkeiten, eine Kleinigkeit zu vergessen. Mal fehlte in der Vergangenheit die Information, ob die Kundin per SMS benachrichtigt werden möchte, mal die Höhe der Anzahlung, mal die Information, ob und wann die Kundin über die eingetroffene Ware benachrichtigt wurde.

Wir haben ein Formular in DIN-A5-Größe entwickelt, das gleichzeitig auch Checklisten-Funktion hat. Dieses Formular liegt jetzt in Form eines Notizblockes im Geschäft aus.

Der Prozess der Sonderbestellung ist damit genau(er) definiert. Die Mitarbeiterin hat einen Leitfaden für das Kundengespräch. Die zu bestellenden Artikel, die Anzahlung und die Informationen zum Kundenkontakt werden auf demselben Blatt festgehalten. Dieses kleine – in zwei Stunden entwickelte – Hilfsmittel hat sehr große Verbesserungen im Ablauf gebracht. Erstellt habe ich das Formular übrigens mit einer einfachen Word-Tabelle.

PASSFORM

Kundenbestellung

Datum: erfasst:

Vorname: Name:
Straße:
PLZ Ort:
Telefon: SMS ☐
E-Mail:

Lieferant:

Artikel-Nummer	Modell
1)	
2)	
3)	

Größe	Farbe
1)	
2)	
3)	

Hierzu gehören noch Bestellungen folgender Lieferanten:

☐ Anita	☐ Felina	☐ Panache	☐ Eveden
☐ Nina von C.	☐ NaturanaSassa	☐ DBA	☐ SYL
☐ Ulla	☐ Fräulein Annie	☐ Huit/Cake Lingerie	
☐ Belly Cloud/Apparel Partners		☐ Anderes:	

Anzahlung: ______________________ €

Notiz:

Kundin benachrichtigt
am: von: wie:

Abbildung 2: Kundenbestellung der Firma Passform

Eine Checkliste für Checklisten

Was macht eine gute Checkliste aus? Sie ist knapp, präzise und erleichtert die Arbeit oder macht sie sicherer. Eine gut vorbereitete Checkliste wird gerne genutzt, weil ihr Sinn ganz klar ist. Wenn Sie eine neue Checkliste erarbeiten wollen, hilft Ihnen vielleicht diese »Checkliste für Checklisten«:

Entwicklung	Entwurf	Prüfung
☐ Klares Ziel/klarer Auftrag der Checkliste benannt *Für jeden Punkt:* ☐ Wichtig für korrekten Ablauf ☐ Nicht anderweitig abgesichert ☐ Klare Antwort möglich/erforderlich ☐ Sind Mitarbeiter, die damit arbeiten werden, am Entwicklungsprozess beteiligt?	☐ kurz und klar formuliert ☐ Dateiname passend ☐ übersichtlich strukturiert ☐ wo sinnvoll: Orientierung mit Symbolen, z. B. ➔ oder ⓘ ☐ Erstelldatum und Version erfasst *für mehrteilige Checklisten:* ☐ maximal eine Seite pro Einheit ☐ maximal 10 Punkte pro Einheit	☐ Mitarbeiter testen in realen Situationen ☐ Ergebnisse des Tests einarbeiten ☐ Checkliste in den Arbeitsablauf gut implementieren ☐ Werden Fehler zu einem Zeitpunkt entdeckt, an dem sie noch korrigiert werden können? ☐ Kann die Checkliste mit angemessenem Aufwand angepasst werden? ☐ Gibt es einen Plan für regelmäßige Überprüfungen der Tauglichkeit und Anpassung (z. B. einmal jährlich)?

Abbildung 3: Die Checkliste für Checklisten[7]

Meine Aufgabe auf dem Prüfstand

Zu Anfang dieses Kapitels habe ich von Input und Output der Büroarbeit gesprochen. Jetzt ist die Frage an Ihnen: Bekommen Sie, was Sie zum Arbeiten brauchen? Wirklich? Haben Sie das für Ihre Kernaufgaben schon einmal genau geprüft? Auch spätestens nach dem fünften Mal, wenn eine Aufgabe zur Routine wird? Schreiben Sie einmal keine Listen, sondern versuchen Sie sich in kreativen, neuen Visualisierungsmethoden.

Ein Bild sagt mehr als 1.000 Worte: Administrative Prozesse visualisieren

Selten gemacht, aber überaus nützlich: Was im Projektmanagement und in der Produktion Alltag ist, findet man in administrativen Prozessen sehr selten: Eine Aufgabe oder ein Prozess wird – möglichst auf ein DIN-A4-Blatt passend – grafisch dargestellt. Mit allen wesentlichen Bausteinen auf einen Blick.

Nehmen Sie sich die Zeit, solche Blätter zu erstellen, es lohnt sich! Zum einen wird Ihre Arbeit dadurch genauer und weniger fehleranfällig. In Zeiten hoher Belastung können Sie sich selbst daran entlanghangeln und sind sich sicher, kein Detail zu vergessen. Zum anderen ist die Vertretung bei Urlaub oder Krankheit sehr viel einfacher. Und nicht zuletzt: Wenn eine neue Kraft eingearbeitet werden muss, wird diese Person sehr viel schneller selbstständig arbeiten können, was für alle Beteiligten von großem Vorteil ist.

Ganz freihändig: Mindmaps für Aufgaben

Versuchen Sie doch einmal, ein Mindmap einer Aufgabe zu erstellen. Schreiben Sie die Aufgabe in die Mitte des Blattes. Teilen Sie das Blatt längs in drei Teile (das ist nicht klassisch, ich weiß, aber nützlich). In den linken Teil kommen die Informationen, die Sie angeliefert bekommen, in den mittleren Teil kommt, was Sie für Ihre eigene Arbeit benötigen, in den rechten Teil kommt, was beziehungsweise an wen Sie weitergeben.

Das abgebildete Mindmap ist eine ganz einfache Version, um sich einen ersten qualitativen Überblick zu verschaffen. Die Fragen, die hier erfasst werden, sind:

Abbildung 4: Beispiel-Mindmap erstellt mit FreeMind

1. Was genau brauche ich?

2. Was muss ich wohin liefern?

Im »echten Leben« brainstormen wir am einfachsten mit der Hand auf Papier. Der Vorteil von Mindmaps ist ihre Einfachheit und dass sie mit den Aufgaben mitwachsen. Hier habe ich nur die Grundlagen abgebildet. Details, zum Beispiel wer liefert oder wie hoch die Druckauflage sein soll, würden in Unterknoten notiert. So können Sie sicher sein, keinen Punkt zu vergessen. Zur zeitlichen Überwachung eignet sich dies nicht. Dafür nehmen Sie besser ein Gantt-Diagramm.

Ishikawa: Das Ursache-Wirkungs-Diagramm

Auch Fischgrät-Diagramm genannt. Es zeigt Kausalitätsbeziehungen: was Einfluss auf ein bestimmtes Ergebnis hat. Das Ergebnis kann entweder ein Zustand sein, der angestrebt wird, oder ein Problem, das in der Vergangenheit auftrat. Einerseits kann es zur Problemanalyse verwendet werden, andererseits auch zur Planung von Veränderungen, wenn ein bestimmtes Ziel erreicht werden soll.

Hier ist das Basismodell mit den vier »Ms« als Hauptkategorien:

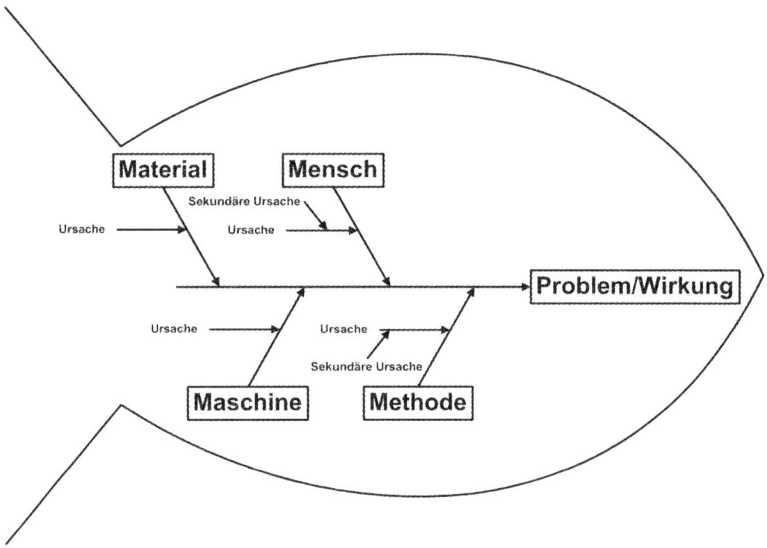

Abbildung 5: Ishikawa-Basismodell – erzeugt mit Visio2010, Microsoft bietet eine Vorlage an

Das Vorgehen in der Praxis

Die Methode eignet sich gut, um im Team eine gemeinsame Lösung zu entwickeln. Am besten nehmen Sie eine mit Papier bespannte Pinnwand. Flipchart-Papier ist tendenziell zu klein.

Beginnen Sie mit dem »Fischkopf« und schreiben Sie dort das Problem oder das zu erreichende Ziel hin. Zeichnen Sie nach links eine Linie – das Rückgrat des Fischs. Nun kommen als »Flossen« die Hauptkategorien. Das müssen keineswegs vier, es können auch viel mehr sein. Hauptkategorien sind die Dinge, die Einfluss auf das Ergebnis haben.

Mit horizontalen und diagonalen Pfeilen werden dann Ursachen und sekundäre Ursachen (Ursache der Ursache) ergänzt. Meist sind die sekundären Ursachen das Spannendste am Ganzen. Gerne schreibe ich die Begriffe nicht direkt auf das Papier, sondern auf Moderationskarten, denn dann kann man die Position noch leicht ändern und das Endergebnis gelingt übersichtlicher.

Der Klassiker: FlowChart

FlowCharts sind das Grundwerkzeug, daher werde ich hier auf ein Muster verzichten. In Office 2013 ist das Erstellen auch in Word und PowerPoint ganz einfach. Visio ist professioneller, aber für den Büro-Alltagsgebrauch reichen die »Bordmittel« des normalen Office-Paketes vollkommen aus.

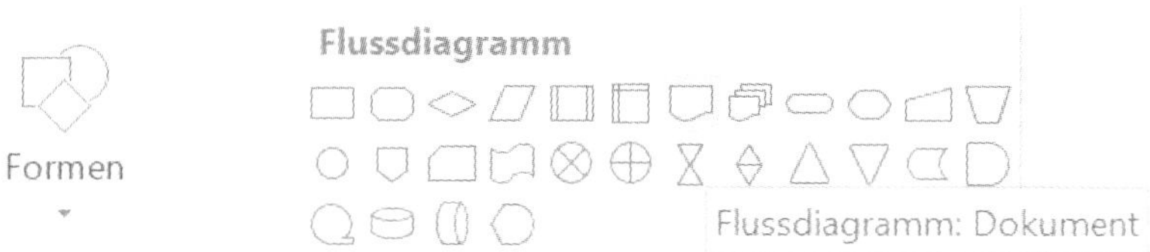

Abbildung 6: Formen in Microsoft Office

Je ein Oval steht für Prozess-Start und -Ende. Rechtecke für Tätigkeiten, Rauten für Entscheidungen oder Verzweigungen. Ein Rechteck mit seitlichen Streifen für eine Schnittstelle, ein Rechteck mit geschwungener unterer Linie für ein Prozessdokument. Damit komme ich aus. Zum Planen oder Entwerfen im Team verwende ich auch hier gerne Moderationspapier. Besonders bei Prozessen mit mehreren Beteiligten. Jeder Beteiligte (Gruppe, Abteilung oder Einzelperson) erhält eine Farbe zugeteilt. Dann werden die einzelnen Tätigkeiten, die zu erledigen sind, auf ein Rechteck mit der Farbe der zuständigen Person geschrieben. Ebenso kommen Entscheidungen, die getroffen werden, auf eine Raute der Farbe der Person oder Abteilung, die diese Entscheidung trifft. Angeordnet wird von oben nach unten, am besten auf einem großen Tisch oder an einer Pinnwand. Oben kommt das Oval hin, das den gesamten Prozess startet.

1. Was kommt als Nächstes?

2. Eine Tätigkeit oder eine Entscheidung?

3. Wo ist eine Schnittstelle? Ist diese definiert?

4. Wenn ja, wie?

5. Gibt es ein Formular oder eine Checkliste?

6. Wenn nein, wäre es an dieser Stelle sinnvoll?

7. In den Schnittstellen und in den Prozessdokumenten ist das größte Potenzial für Verbesserungen verborgen.

Prozessdokumente

In der Abbildung oben habe ich die Form für Prozessdokumente markiert, weil ich auf diese immer größten Wert lege. Als Prozessdokumente gelten alle Vorlagen, die in diesem Prozess benutzt werden (können). Alle Vorlagen, Checklisten und Formulare, die den Prozess steuern. Sind sie da? Sind sie aktuell? Werden sie benutzt? Im Praxisteil gibt es dafür einige Beispiele und Anleitungen, zum Beispiel die Vorlagen für Agenda und Protokoll ab Seite 130.

Für Terminkritisches: Das Gantt-Diagramm

Wenn es bei Ihrem zu betrachtenden Prozess in allererster Linie darum geht, pünktlich fertig zu werden, und die Zeit knapp ist, eignet sich zur Planung und auch Überwachung ein Gantt-Diagramm, wie es im Projektmanagement üblich ist. Dieses Beispiel hier – eine Festschrift soll erstellt werden – habe ich allerdings mit einer simplen Word-Tabelle erstellt, Excel ginge genauso. Diese nicht ganz auf den Zweck abgestimmten Programme haben allerdings den Nachteil, dass Änderungen viel weniger komfortabel umsetzbar sind als in Microsoft Project beispielsweise.

Ein Gantt-Diagramm baut man gerne von hinten her auf:

1. Wann soll etwas fertig sein?
2. Welche Schritte führen dort hin?
3. Wie lange braucht jeder einzelne Schritt?
4. Welche Schritte können parallel bearbeitet werden?

Auch hier weise ich gerne den beteiligten Stellen je eine Farbe zu. Wenn ein Punkt erledigt ist, wird der entweder blass gefärbt oder in einer Papierversion abgehakt. So hat man für jeden Tag auf einen Blick die Übersicht, was heute laufen muss.

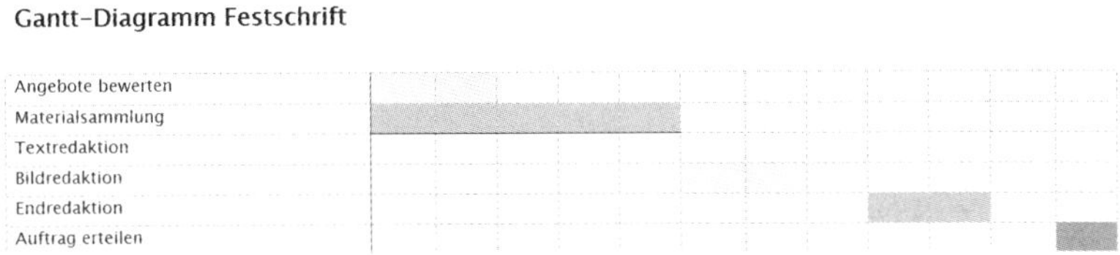

Abbildung 7: Beispiel Gantt-Diagramm – das Original ist farbig, dann sind die Balken leicht den Abteilungen zuordenbar.

Gutes braucht seine Zeit: Der PDCA-Zyklus für Veränderungen

Wenn man eine Veränderung anschieben möchte oder muss, hat der Initiator meistens schon Weg und Ziel im Blick. Also mitteilen, machen, fertig – oder? Oft wird das so gemacht und dann – oh Wunder – klappt das bei den Menschen, die mitziehen sollen, nicht so richtig. Wollen sie nicht oder können Sie nicht oder was ist da los?

Veränderungen brauchen Zeit. Und Sorgfalt in der Planung und Umsetzung und Geduld, bis alles klappt.

»Eine schlechte Angewohnheit kann man nicht aus dem Fenster werfen. Man muss sie die Treppe runterboxen, Stufe für Stufe.«
Mark Twain

Für mich ist der PDCA-Zyklus aus dem Qualitätsmanagement eine gute Richtschnur:

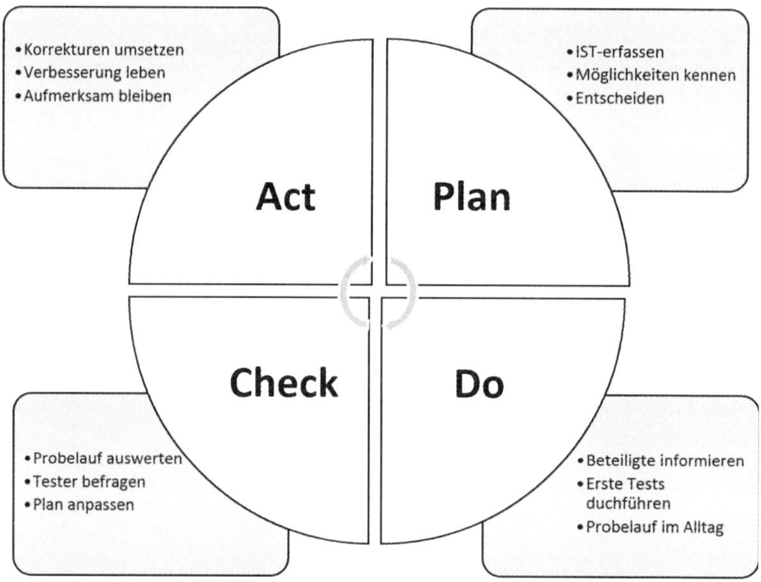

Abbildung 8: PDCA-Zyklus für Prozessgestaltung

Planen

Es geht also los mit dem Plan. Ich kann hier nur raten: Lassen Sie sich Zeit dafür. Erfassen Sie gründlich den Istzustand. Gehen Sie an den

Ort des Geschehens und beobachten Sie. Wo sind die neuralgischen Punkte? Meist wissen das die Personen, die die Arbeit tun, ganz genau. Machen Sie vielleicht ein FlowChart des Prozesses, wie er jetzt im Moment ist. Oft sieht man darauf schon sehr viel. Überlegen Sie danach, wie es in Zukunft werden soll. Was kann man einfacher machen, welche Schritte können ohne Qualitätseinbußen weggelassen werden? Unterschätzen Sie niemals den »Das-war-schon-immer-so-Faktor«.

Praxisbeispiel

Live in einem Seminar haben wir den Prozess der Genehmigung von Zuschüssen beleuchtet. Der Istzustand wurde mit der oben beschriebenen Methode als FlowChart mit Moderationskarten auf die Pinnwand gebracht. Die Verantwortliche meinte zum Schluss: »Jetzt mache ich das seit acht Jahren 20-mal im Monat – aber so habe ich das Ganze noch nie gesehen!«

Das Ergebnis: In diesem Fall waren zu viele Schleifen im Prozess. Das Genehmigungsverfahren kann ohne Verluste schneller und einfacher ausgeführt werden.

Tun

Nicht sofort losstürzen mit der neuen Idee. Das »Tun« in diesem Quadranten meint, einen kleinen Bereich als Probeort auszuwählen und dort das Neue auszuprobieren. Klappt es in der Praxis so wie gedacht?

Prüfen

Alle Entwickler – ob Dokumentvorlagen, ganze Programme oder auch Motoren entwickelt werden – wissen, dass das Wichtigste am

Entwickeln das Prüfen ist. Gutes Prüfen spart viel Zeit, Geld und Frust. Spielen Sie in Ihrem kleinen, abgegrenzten Probeort alle Eventualitäten durch! Stellen Sie dafür Zeit bereit! Ich habe schon manche ungute Entscheidung (zum Beispiel die Anschaffung eines Dokumenten-Managementsystems) gesehen, die klar darauf zurückzuführen war, dass die Personen, die die Software prüfen sollten, einfach nicht die Kapazitäten dafür erhielten. Diese – umfangreiche – Aufgabe wäre zu allen anderen Aufgaben zusätzlich zu leisten gewesen. Dann blieb natürlich keine Zeit für ausführliche Prüfungen. Eine konkrete Aussage als »Na ja, ich glaube, das kann gehen« war unter diesen Umständen nicht zu bekommen. Viel zu wenig für ein Projekt, dessen Budget sich im sechsstelligen Eurobereich bewegt. Sparen Sie nicht an der falschen Stelle.

Umsetzen

Wenn alles gut geprüft ist, geht es richtig los. Dann wird auf ganzer Front umgesetzt. Holen Sie jetzt alle ins Boot. Auch jetzt wird es noch Kinderkrankheiten geben, nicht alles läuft beim ersten Mal rund. Bleiben Sie dran, das System lebt!

Die Erfahrung zeigt: Etwa zweieinhalb Runden um den PDCA-Zyklus braucht es, bis eine Sache implementiert ist.

2. Informationsmanagement – Die Spreu und der Weizen

Es ist ganz interessant, dass schon in den 1970ern von der Informationsflut die Rede war. Einen schönen Begriff für die hausgemachte Informationsflut hat Eric Webster im Jahr 1967 (!) gefunden: »Memo-Mania«. Im Buch *Die Zeitfalle* von 1974 heißt es: »Berge irrelevanten Papiers verstopfen die Arterien der aktennotizabhängigen Organisationen«.[8] Neu ist das Thema also nicht. Schon sehr lange fluten mehr – durchaus auch interessante – Informationen in unsere Briefkästen und auf unsere Tische, als wir sinnvoll verarbeiten können. Doch verändert sich gerade im Moment etwas: Der Informationsfluss entwickelt sich mehr und mehr vom »Push«- zum »Pull«-Prinzip. Papiergebundene Aktennotizen wurden noch kopiert und in die Postfächer der Empfänger verteilt. E-Mail funktioniert genau genommen gleich: Die Information wird zum Empfänger »geschoben«. Hinzu kommen inzwischen all die – durchaus auch interessanten – Blogs, Intranet-Einträge und Foren in fachspezifischen Communitys. Informationen stehen dort »zur Abholung bereit«, müssen also »gezogen« werden.

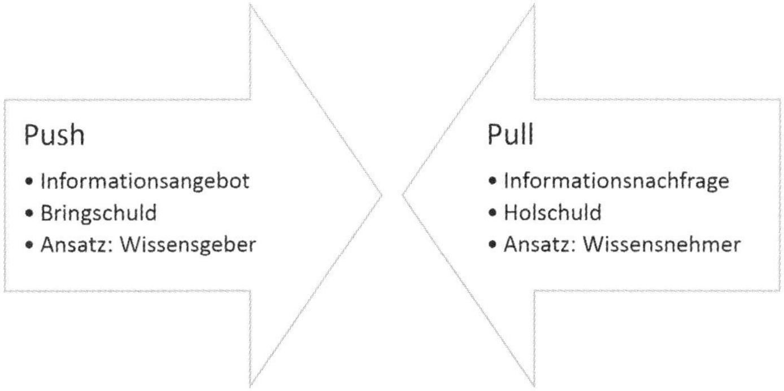

Abbildung 9: Das Push-und-Pull-Prinzip für Informationen

Die Dosis macht das Gift – gezielt filtern

Bei diesem Überangebot von Informationen und Wissen ist es überlebensnotwendig auszuwählen. In dieser Wahl liegt Ihre Effektivität verborgen. Sie können den ganzen Tag, die ganze Woche, das ganze Jahr mit irrelevanten Informationen verbringen, sehen sehr beschäftigt oder auch gestresst aus, sind über sehr vieles informiert. Nur nützt das unter Umständen kaum etwas. Um aus der unüberschaubaren Fülle von Informationen – firmenintern wie generell – die richtigen Quellen auszuwählen, kommen Sie nicht umhin, über Wissensziele für sich selbst nachzudenken. Vielleicht erstellen Sie sogar eine Wissenslandkarte?

Wissensziele identifizieren

Was will ich wissen? Was muss ich wissen? Wie viel Zeit bin ich bereit aufzuwenden? Das sind unbequeme Fragen, aber sie machen den entscheidenden Unterschied aus. Der wichtigste Satz vorab:

> Leben Sie damit, nicht alles zu wissen, nicht über alles informiert zu sein.

Ja, das ist mein voller Ernst! Denken wir die Sache von der anderen Seite: Es ist klar, dass kein Mensch auf der Welt alles wissen kann. Kein Mensch kennt alle Vorgänge in einem etwas größeren Unternehmen. Das geht nicht, das wissen wir alle. Wir alle wählen aus. Die zeitlichen und intellektuellen Kapazitäten sind bei uns allen begrenzt. Manche versuchen, diese unbequeme Tatsache durch Schnelllesetechnik und Gedächtnistraining etwas abzumildern. Das funktioniert auch bis zu einem gewissen Grad. Allerdings löst dies das Problem nicht, sondern verschiebt es nur. Also klären Sie für sich ganz klar Ihre Wissensziele. Denn wenn Sie das nicht tun, sammeln Sie Wissen nach dem Zufallsprinzip an. Diese wichtige Sache würde ich lieber steuern wollen. Legen Sie also fest:

- Wo wollen oder müssen Sie Experte sein?
- Wo wollen Sie die wichtigsten Fakten kennen?
- Wo genügt für Sie ein grober Überblick?

Machen Sie das schriftlich. Es ist sinnvoll, es auf zwei getrennten Blättern zu tun. Eines für das »Alltagswissen« in der Firma und eines für Ihre gesamte persönliche Entwicklung. Schreiben Sie sich eine Tabelle oder machen Sie ein Mindmap.

Identifizieren Sie zuerst die Themenbereiche, die für Sie relevant sind, und klären Sie danach, ob Sie in einer bestimmten Zeit ein bestimmtes Ziel erreichen wollen. Im folgenden Beispiel habe ich Expertise-Level von 0 bis 5 verwendet.

0 – keine Kenntnisse | 1 – wenige Kenntnisse | 2 – Grundkenntnisse | 3 – gute Kenntnisse | 4 – sehr gute Kenntnisse | 5 – Expertenkenntnisse

Thema	Ziel-Level	aktuelles Level	erreichen bis	Maßnahme
Word 2013	4	2	Ende 2015	Besuch Anwendertage
Excel 2013	5	4	Juni 2015	Onlinerecherche zu Pivot, Fachliteratur
Visio	1	3	Oktober 2015	Recherche Schulung

Tabelle 2: Wissensziele erfassen – hier Fachwissen Office-Anwendungen

Eine Wissenslandkarte erstellen

Wenn Sie im vorhergehenden Absatz noch gar keine Idee bekommen haben, wie Sie sich dieser Sache nähern wollen oder sollen, beginnen Sie doch einmal mit einer Wissenslandkarte. Sie werden sehen, dass das sehr erhellend sein kann.

Da das eine eher intuitive Aufgabe ist, mache ich das gerne mit einem Mindmap. Ihre Hauptaufgabengebiete bilden die Hauptäste, die Details dazu die kleineren Zweige. Auch hier bietet es sich an, eine persönliche und eine berufliche Landkarte getrennt zu erstellen. Zwar gibt es mit Sicherheit Überlappungen (zum Beispiel bei Sprachen), aber meiner Erfahrung nach gerät das Ergebnis zu unübersichtlich, wenn man versucht, alles in eine Darstellung zu packen. Der Fokus ist auch etwas verschieden.

Abbildung 10: Wissenslandkarte eines Küchenchefs

Der Küchenchef, der dieses Mindmap gestaltet hat, hat das Ziel, wieder mehr in seiner eigentlichen Profession zu arbeiten. Die Personalführung und -anleitung macht ihm Freude, nicht aber die ganze administrative Arbeit. Es ist klar, dass er entlastet werden muss. Mit dieser Wissenslandkarte werden die abzugebenden Aufgabengebiete klar.

Mit einem Pfeil nach oben sind die Aufgabenfelder gekennzeichnet, die er gerne ausbauen möchte, Pfeil nach unten sind die Aufgabengebiete, die bereits von anderen Mitarbeitern verantwortlich übernommen werden. Darum möchte er sich gar nicht mehr kümmern. Die Aufgaben, die mit einem Pfeil nach rechts gekennzeichnet sind, sind die Aufgaben, die gut von einem Assistenten übernommen werden könnten.

Und jetzt: Filter anwenden

Egal, ob Sie lieber eine Tabelle oder lieber ein Mindmap machen, Sie erhalten am Ende eine »**Positivliste**«, die enthält, was Sie wissen wollen, was Sie bereits wissen und auch, bei welchen Themen Sie unbedingt »am Ball bleiben« wollen oder müssen. Überlegen Sie sich nun, wie viel Lesezeit Sie pro Tag oder auch pro Woche haben. Werfen Sie einen Blick in den Kalender: Wann kommen Sie zum relativ ungestörten Lesen? Und welche Informationen nehmen Sie in der Regel in diesen Zeiten auf? Passt das zu dem, was Sie ermittelt haben? Wenn Sie sehr unzufrieden sind mit Ihrem Status quo, dann rate ich Ihnen, zwei Wochen lang in Ihr Notizbuch oder in Ihren Kalender zu notieren, was Sie an einem Tag wie lange gelesen haben. Häufig narrt uns nämlich unsere Wahrnehmung. Weil wir die Flut der zu verarbeitenden Informationen als sehr groß empfinden, bagatellisiert unser Unterbewusstes die geleistete Arbeit – denn da ist ja noch so viel mehr, das nicht aufgenommen und gelesen wurde. Bleiben Sie realistisch. Nehmen Sie sich nicht mehr vor, als in der Ihnen zur Verfügung stehenden Zeit gut machbar ist.

Und nun die Negativliste: Von welchen Informationskanälen, von welchen Themen wollen Sie sich aktiv trennen? Aus welcher Diskussion wollen Sie sich »ausmischen«? Folgende Leitfragen biete ich Ihnen an:

- Betrifft mich das Thema persönlich?
- Befindet sich das Thema in meinem Einflussbereich?
- Ändert mein Wissen über das Thema meinen Entscheidungshorizont?
- Sind andere von meinem Informiertsein in diesem Thema in irgendeiner Form abhängig?
- Freut mich das Thema, baut es mich auf?

Wenn Sie auf keine dieser Fragen mit einem ganz klaren Ja antworten, ist das ein Thema zum Ausmischen. Das klappt tatsächlich. Mein persönliches Beispiel: Ich verfolgte sehr engagiert die Diskussionen und die gesellschaftlichen Veränderungen zur Kinderbetreuung und zu den damit einhergehenden Veränderungen der Lebensplanung von jetzt jungen Eltern. Zu der Zeit, als mein ältestes Kind klein war, kam ein Kind mit etwa drei Jahren in den Kindergarten. Dieser öffnete um 8 Uhr, schloss um 12 Uhr (pünktlich abholen, nicht früher, nicht später) und öffnete an drei Wochentagen nachmittags nochmals für drei Stunden. Die Kindergartenzeit war nicht dafür gedacht, Müttern eine Berufstätigkeit zu ermöglichen. Das hat sich in den vergangenen 15 Jahren sehr stark verändert – bis hin zum Berufsbild der Erzieherinnen und zu als normal empfundenen Familienstrukturen. Das finde ich sehr interessant und für unsere Gesellschaft relevant. Aber nach meinen obigen Leitfragen ist das Thema bei mir deutlich aus dem Fokus gefallen. Es betrifft mich überhaupt nicht (mehr). Ich habe keinen Einfluss und keine Verantwortlichkeiten in diesem Bereich. Und es erfreut mich auch nicht. Also habe ich mich systematisch »ausgemischt«. Nichts dazu mehr gelesen, keine Dokumentationen angesehen, keine großen Gespräche zum Thema mehr geführt – höchstens zugehört. Das klappte tatsächlich, weil ich für mich ganz klar die Entscheidung getroffen hatte, nichts zum Thema mehr *wissen zu wollen*. Und niemand hat mich dazu gezwungen. Newsletter können leicht abbestellt werden, E-Mails, die Ihnen jemand schickt, nicht so ganz leicht – aber es gibt doch Möglichkeiten, wie Sie gleich sehen werden.

E-Mail-Filter

Prüfen Sie in Ihrem E-Mail-Postfach nach, wer Sie mit »weißem Spam« beglückt. Als »weißen Spam« bezeichne ich E-Mails von Kollegen oder anderen Mitgliedern Ihres Unternehmens, die wohl an Sie gerichtet sind, aber für Sie keine Relevanz haben. Vielleicht will der Absender sich damit bei Ihnen einen bestimmten Status sichern oder auch sicher sein, dass jeder Bescheid weiß. Wehren Sie sich dagegen! Zwar kostet es viel mehr Zeit, das dem Verursacher beizubringen, als schnell die Schaltfläche *Löschen* anzuklicken, aber das ist nur vordergründig die schnellere Lösung. Machen Sie sich und anderen ganz klar, welche Information Sie wann und wie benötigen. Falls Sie nicht in der Lage sind, das so zu äußern, behelfen Sie sich mit einer Regel. Wenn eine E-Mail des Absenders markiert ist, betätigen Sie in Outlook die Schaltfläche *Regeln* auf dem Menüband *START*. Dort können Sie das Verschieben der Mail in einen Ordner einstellen. Der Ordner könnte auch »Gelöschte Elemente« heißen. Sie sehen die E-Mail dann nicht mehr in Ihrem Posteingang. Sie wird umstandslos in den genannten Ordner verschoben. In Outlook 2013 können Sie sich mit der Einstellung »Ungelesen« und »alle Unterordner« rasch einen Überblick über alles verschaffen, was noch in den Unterordnern schlummert.

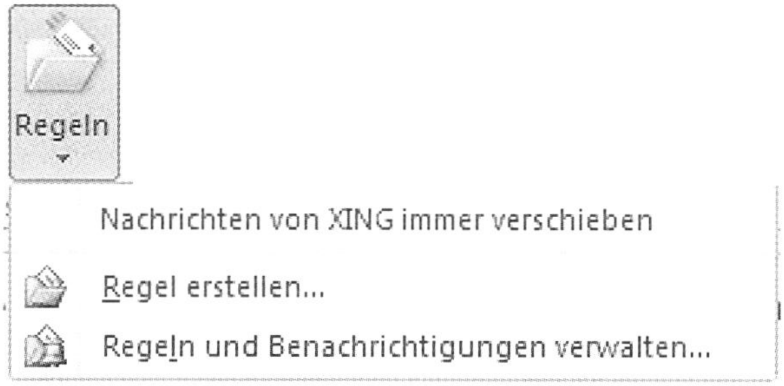

Abbildung 11: Regeln für das Sortieren von E-Mails

Der »Zu-lesen-Stapel«

Wie hoch ist Ihrer? Der Stapel der ungelesenen Zeitschriften oder sonstiger papierhafter Informationen oder auch nur informativer Nichtigkeiten? Eine ganz pragmatische Lösung: Nehmen Sie dafür keinen Stapel, sondern einen Stehsammler in der Breite eines Ordners. Befüllen Sie diesen konsequent von links. Wenn er voll ist, werfen Sie das erste Drittel von rechts weg. Denn das Älteste in Ihrer

Sammlung wird nach menschlichem Ermessen kaum mehr gelesen werden oder relevant sein.

Blogs, News und sonstige Internetfunde

Ja, man kann trefflich den Tag oder auch das Wochenende damit zubringen, das »Internet durchzulesen«. Und ohne Frage auch relevante und interessante Inhalte dort finden. Hier hilft wirklich nur die konsequente Anwendung Ihrer Liste der Wissensziele. Suchen Sie sich die für Sie relevanten Seiten heraus und wenden Sie einen RSS-Reader an, der nach Ihren Vorgaben die abonnierten Feeds selektiert und zur Lektüre anbietet, zum Beispiel www.theoldreader.com.

Was ist ein RSS-Reader?

Ein RSS-Reader fasst die von Ihnen per RSS-Feed verfolgten beziehungsweise abonnierten Nachrichtenkanäle oder Blogs zusammen. So haben Sie nur eine Stelle, die Sie anklicken müssen, um sich schnell einen Überblick zu verschaffen, ob es heute etwas Interessantes zu wissen gibt. Der Vorteil dabei ist, dass Sie die Informationen schneller und gezielter überfliegen können und sich damit auf die heute relevanten Themen fokussieren.

Eine fortlaufend aktualisierte Liste und Erklärungen finden Sie hier: www.rss-readers.org/

Wenn Sie wirklich Internetfunde in Ihrer eigenen Ablage sichern wollen, nehmen Sie dafür am besten OneNote. Eine kurze Gebrauchsanleitung finden Sie ab Seite 153.

Information oder Getöse?

Weniger als 10 Prozent dessen, was Sie täglich hören oder lesen, ist echte Information, der Rest ist Getöse – oder auch zwischenmenschliches Schmiermittel. Die niedlichen Bilder des Haustiers, die in manchen Kollegenkreisen die Runde machen, oder das Foto des Sprösslings mit Schultüte – das ist sicher nicht unternehmensrelevant – auf den ersten Blick. Auf der zweiten, der menschlichen Ebene könnte es aber dennoch wichtig sein. Wir sind alle Menschen und keine auf Effizienz getrimmten Automaten. Daher ist es wichtig, zumindest ein bisschen voneinander zu wissen. Das braucht meist nur einen kleinen Platz. Wenn Sie sich aber von privaten Informationen Ihrer Kollegen über die Maßen belästigt oder abgelenkt fühlen, dürfen und sollen Sie dies ansprechen.

Auch auf der rein sachlichen Ebene wird sehr viel Getöse erzeugt. Was für den einen eine wichtige Information ist, ist für den Nächsten »nice to know« und für den Übernächsten absolut irrelevant. Weil das der Absender der Information oftmals nicht weiß – nicht wissen kann –, schickt er vorsorglich die Information an alle. Filtern ist nun die Aufgabe des Empfängers. Hier greift nun wieder das Push-Pull-Prinzip. E-Mail ist »Push«. Man schickt die Information dem Empfänger direkt ins Postfach. Er muss sich darum kümmern, ob er will oder nicht. Zumindest muss er sie – nach Prüfung – löschen. Das bindet Zeit und Energie. Jeder Empfänger einer E-Mail muss sich – zumindest kurz – damit auseinandersetzen.

Rechnen wir: Wenn das Anschauen einer E-Mail, Prüfen, inhaltliches Verwerfen (für mich nicht interessant) und Löschen pro Mitarbeiter und E-Mail im Mittel 20 Sekunden dauert, eine E-Mail 28 Empfänger erreicht, von denen den Inhalt nur sechs wirklich interessant finden, sind 7,33 Minuten verschwendet. Nur durch Ansehen und Löschen. Diejenigen, die das Ganze sicherheitshalber genau prüfen und ablegen, sind noch gar nicht erfasst. Wenn es pro Tag etwa 30 solcher E-Mails gibt, sind das schon 220 Minuten oder 3,6 Stunden, in denen in diesem Unternehmen nicht wertschöpfend gearbeitet wird.

Was kann man also tun? Wechseln Sie hausintern vom Push- zum Pull-Prinzip.

Das heißt, Informationen liegen digital an zugänglicher Stelle. Firmenweit, bereichsweise oder teamorientiert. Versenden Sie in der Regel keine direkten Informationen per E-Mail, sondern – wenn überhaupt – einen Link zu der Information an die Personen, die Ihrer Meinung nach ganz unbedingt von dieser Sache wissen müssen. Das werden dann statt der oben genannten 22 vielleicht noch vier Empfänger sein. Der Vorteil liegt auf der Hand: Sie erzeugen kein Getöse im Postfach von Menschen, die von dieser Sache allenfalls peripher betroffen sind. Außerdem wird sehr viel weniger Datenvolumen erzeugt, wenn umfangreiche Dateien nicht als E-Mail-Anhang unterwegs sind. Wer sich aktiv über ein Thema informieren möchte oder muss, findet alle relevanten Informationen in der zentralen Ablage. Das gilt ganz besonders, wenn ein Mitarbeiter neu in die Firma oder ins Team kommt.

Wer das wissen muss – Wissensmanagement im Team

Was für den Einzelnen gilt, gilt auch – in leicht adaptierter Form – für das Team. Dieses Kapitel richtet sich also im Besonderen an all diejenigen, die Verantwortung für den Informationsfluss eines Teams tragen. Das Ziel muss sein, mit möglichst wenig Aufwand möglichst wertige Informationen im Team vorzuhalten. Die Frage des Vorgesetzten: »Wie weit ist eigentlich das Projekt Lagererweiterung gediehen? Wo stehen wir jetzt?«, muss sich umstandslos und korrekt beantworten lassen. Ebenso kommt es vor, dass ein Mitarbeiter für einige Zeit ausfällt. Dann steht die folgenden Fragen im Raum: »An welchen Themen ist der Peter eigentlich gerade dran? Was muss als Nächstes getan werden? Wer kann das übernehmen?« Es ist wichtig, dass diese Fragen sich schnell und vollständig beantworten lassen, ohne Peters E-Mails der letzten drei Wochen filzen zu müssen. (Ein Lösungsvorschlag hierzu ist die Produktivitätsliste auf Seite 53 und im Praxisteil »Excel« ab Seite 150)

Wo sind wir Experte?

Das geschilderte Szenario ist die eine Seite des Themas der ganz alltagsnahen, praktischen Fragen. Die andere Seite ist diese: In welchen Themen ist unser Team der Experte? Wo kennen wir uns so richtig gut aus? Wer bringt welche Informationen mit – vielleicht auch jenseits des Alltäglichen? Zum Beispiel: Petra ist Vorstand eines großen Rudervereins – ein Fest für 100 Leute organisieren – sie kann das. Heinz hat eine rumänische Großmutter, er spricht fließend Rumänisch. Wer die Excel-Fachfrau im Team ist, hat sich rumgesprochen. Aber ist es Sabine auch recht, wenn sie – obwohl das keineswegs ihren normalen Aufgaben entspricht – immer mal wieder für knifflige Funktionen eingespannt wird? Sagen tut sie ja nichts dagegen. Wissen über Wissen und Können entstehen fast immer zufällig! Das kann nicht gut sein. Als Teamleiter sollten Sie für sich und auch für Ihre Vorgesetzten wissen, wer von Ihren Leuten was kann und auch wer willens und in der Lage ist, dieses Wissen weiterzugeben. Im klassischen Wissensmanagement kennt man die sogenannten **Gelben Seiten**, eine Art Steckbrief zu jedem Mitarbeiter und jeder Mitarbeiterin, die diese selbst ausfüllen und dort beschreiben, was sie können und bei welchen Themen man auf ihre Expertise zugreifen darf.

Knapper, aber auch praktischer finde ich die Kompetenzmatrix.

Kompetenzmatrix

Einem kleinen Unternehmen, das auf Sonderanfertigungen im Maschinenbau spezialisiert ist, ging ein lukrativer Auftrag verloren, weil durch krankheitsbedingte Ausfälle in der Urlaubszeit eine systemwichtige Aufgabe nicht bearbeitet werden konnte. Es war einfach niemand zur Stelle, der diese Aufgabe hätte erledigen können. Vor diesem Zwischenfall hatte niemand wahrgenommen, dass es an dieser Stelle einen personellen Engpass gab.

Die Lösung war so einfach wie wirkungsvoll. In einer Matrix wurden die Mitarbeitenden und die wichtigsten Aufgabenpakete gelistet. Die Mitarbeiter trugen ein »E« für Experte ein, ein »V« für »Da kann ich vertreten«, ein »G« für »Grundkenntnisse, ich weiß, worum es geht, kann das aber nicht verantwortlich durchführen« und einen Strich für »Hier kenne ich mich gar nicht aus«.

	Auftragsannahme	Produktions-überwachung	Liefervorbereitung
Maria Weiß	E		V
Peter Schwarz		E	V
Edgar Roth	V		E
Paula Braun	V	E	

Tabelle 3: Vereinfachte Kompetenzmatrix

Ziel ist, für jedes wichtige Aufgabenpaket mindestens einen, besser zwei Experten und zwei Vertreter zu haben. Wenn das nicht gegeben ist, können Mitarbeitende, die »G« für Grundkenntnisse angegeben haben, zu Vertretern aufgebaut werden.

Das Wissen im Team entwickeln

Dieser Wissenszyklus dient der systematischen Entwicklung des Wissens. Wie auch für sich selbst als Einzelperson müssen Sie für das Team festlegen, was Ihre Wissensziele sind. Worin wollen oder sollen wir uns auszeichnen? Ist das auch jedem im Team klar? Können Sie stolz sein auf die Expertise? Es ist wichtig, Können, Wissen und Fähigkeiten als etwas Gutes und Wichtiges wahrzunehmen und nicht als noch eine zusätzliche Verpflichtung im ohnehin schon übervollen Arbeitstag. Falls Sie diesen Widerstand in Ihrem Tam wahrnehmen, müssen Sie unbedingt zuerst daran arbeiten. Dann muss erst auf die eine oder andere Weise Entlastung geschaffen werden.

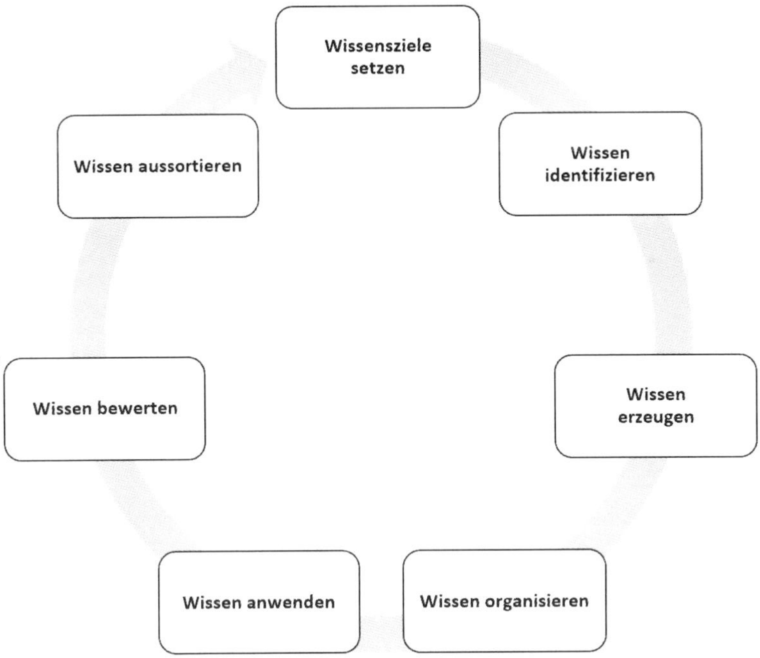

Abbildung 12: Der Wissenszyklus

Statisches oder dynamisches Wissen?

Legen Sie zuerst fest, was Sie verbessern wollen – statisches oder dynamisches Wissen? Statisches Wissen ist das, was als Kenntnisse in den Köpfen und Händen ist. Dynamisches Wissen ist das Wissen um Abläufe. Wo steht jetzt im Moment welcher Prozess?

Beides ist wichtig! Mehr Mühe macht im Alltag allerdings mangelndes dynamisches Wissen. Das Bearbeiten eines Wissenszyklus zu dynamischem Wissen gerät sehr ähnlich einer Prozessgestaltung. Allerdings ist der Fokus etwas anders.

Beispiel Wissenszyklus

Im Team Produktmanagement – drei Produktmanager, zwei Produktmanagement-Assistenzen – es geht um die Vermarktung von Milchprodukten für Kinder. Das interne Wissensmanagement soll neu konzipiert werden.

Angestrebte Wissensziele

Ein erstes Brainstorming bringt folgendes Ergebnis:

statisches Wissen	dynamisches Wissen
A) aktuelle Rechtsprechung zur Kennzeichnungspflicht	a) Überblick der laufenden Projekte
B) »Ampelkennzeichnung«	b) Anstehende Änderungen der Rezepturen
C) Health-Claim-Verordnung der EU	c) fortlaufende Überwachung der Endkundenanfragen – Statistik
D) Maße der Packmittel	

Wissen identifizieren: Was wissen wir schon? Wo steht es?

statisches Wissen	dynamisches Wissen
A) Internet: Seite des Bundesministeriums für Ernährung und Landwirtschaft: Lebensmittel-Kennzeichnung	a) Nirgendwo konsequent geführt. Jeder Produktmanager hat ein eigenes System.
B) Immer mal wieder in der Presse … evtl.: www.lebensmittelklarheit.de	b) Werden von Forschung & Entwicklung kommuniziert. Verbleibt beim Produktmanager
C) Amtsblatt der EU, VERORDNUNG (EG) NR. 1924/2006	c) Via Customer Service zur Assistenz. Fragen werden beantwortet, aber nicht zu statistischen Zwecken durchgängig erfasst.
D) Intranet: Produktion – Packmittel – Abmessungen	

Kurze Bewertung: Auf der Seite des statischen Wissens ist hier offenbar wenig inhaltlicher Handlungsbedarf. Allerdings sind die Quellen an sehr unterschiedlichen Stellen verortet. Sinnvoll und schnell eingerichtet ist ein teaminternes Blatt, das die verschiedenen Links an einer Stelle zusammenführt. Das kann ein Word-Dokument mit Hyperlinks sein, ein Favoritenordner im gemeinsamen Laufwerk oder eine Seite in einem OneNote-Notizbuch.

Größeren Handlungsbedarf gibt es dagegen beim dynamischen Wissen. Da jeder Produktmanager seine eigenen Produkte hat, findet wenig natürlicher Austausch statt. Dennoch wird im Unternehmen erwartet, dass gegenseitige Vertretungen reibungslos laufen. Momentan passiert das eher über die Assistenz-Schiene. Die Assistenzen sind durch die räumliche Nähe ihrer Arbeitsplätze und gegenseitige Vertretungen besser vernetzt. Allerdings nur auf der mündlichen Ebene. Notfalls wird das Postfach gegenseitig überwacht. Gemeinsame Datenbestände gibt es praktisch nicht. Nur die Seite im Intranet wird gemeinsam gepflegt. Dort allerdings ist nur sehr Allgemeines zum Produktmanagement zu lesen. Als Arbeitsplattform taugt das wenig.

Wissen erzeugen

In unserem Beispiel ist das kein großes Thema. Es wäre denkbar, dass beispielsweise im Bereich der Rechtsprechung Wissen ins Team gebracht werden muss. Die klassischen Kanäle sind: Weiterbildung der eigenen Mitarbeiter, externe Beratung oder auch die Schaffung einer neuen Stelle, für die ein Spezialist im Thema gesucht wird.

Wissen organisieren

Das ist im Team die wichtigste Sache. Dazu gehört das Speichern und Verteilen von Wissen. Welches Wissen wird in welcher Form von wem abgelegt? Wer erhält davon Kenntnis? Auf welchem Wege? Meistens sind diese Abläufe dem Zufall überlassen oder man schickt die Information im Zweifelsfall als E-Mail-Anhang in die Runde und vervielfacht damit das Problem.

Praxiserprobte Methoden, dies in den Griff zu bekommen, finden Sie in den folgenden beiden Kapiteln.

Wissen anwenden und bewerten

Hier sind wir schon im Praxistest des Wissens. Ist die neu gefundene Struktur passend? Hilft sie im Alltag? Nützt es, die Informationen beisammenzuhaben? Fließt die Information auch ohne 30 E-Mails am Tag? Sind wir auskunftsfähig? Entsteht weniger Datenmüll? Sind unsere gemeinsamen Laufwerke transparent?

Wissen aussortieren

Nicht alles bleibt für alle Zeit und Ewigkeit aktuell und wichtig! Das ist eine Wahrheit, die in den meisten digitalen Ablagen noch nicht angekommen zu sein scheint. Ein Leitz-Ordner hat eine natürliche Fassungsgrenze. Dann muss ein neuer her. Ebenso ein Regalbrett und ein Aktenschrank. Viel Ablage ist sichtbar und ruft: »Räume mich auf!« Häufig wird ganz natürlich jedes Jahr ein neuer Ordner angelegt.

Sehr selten passiert dies bei der digitalen Ablage. Ein digitaler Ordner wird nicht zu voll. Jedenfalls schimpft das System nicht. **Es gibt noch keine Systematik des Ausmistens von Dateien.** »Ja, das müsste man mal machen« – höre ich oft. Aber man scheut den Aufwand und auch die notwendigen Abstimmungsprozesse im Team. Das habe ich alles ausführlicher in *Perfekt im Office*[9] thematisiert. Hier werde ich Ihnen einfach eine Möglichkeit vorschlagen (Ordnung im digitalen Ordner, ab Seite 65).

Es bleibt aber dabei: Schaffen Sie sich alt gewordene und redundante Dateien und Ordner aus den Augen! Sie scrollen sich sonst eine Sehnenscheidenentzündung.

E-Mailen für Fortgeschrittene – Und wie man weniger E-Mails schreibt

Meiner wissenschaftlich nicht belegten Beobachtung nach besteht mindestens die Hälfte des E-Mail-Aufkommens in einem durchschnittlichen betrieblichen Postfach aus kollegialem Hin und Her von Informationen dieser Art: »Hier ist das Protokoll des letzten Teammeetings, wer Anmerkungen oder Ergänzungen hat, soll das bis Freitag sagen.« Oder: »Hubermeier hat wieder angerufen wegen der Fehllieferung letzte Woche. Haben wir schon Rückmeldung von der Rechtsabteilung?«

Hier ist E-Mail nicht der richtige Kommunikationskanal!

In einem sortierten Informationsfluss im Team wäre im ersten Fall die Ablage des Protokolls im Teamlaufwerk richtig. Der Prozess ist so vereinbart und kommuniziert, dass das Protokoll spätestens zwei Tage nach dem Meeting erstellt wird und Änderungswünsche bis vier Tage nach dem Meeting per Änderungsmodus (siehe Praxisteil »Word« ab Seite 111) eingetragen werden können. Danach wird das Protokoll verabschiedet. **Bei diesem Vorgehen wird keine einzige E-Mail verschickt!**

Im zweiten Fall braucht es eine Produktivitätsliste des Teams. Weiter oben habe ich schon den Begriff des dynamischen Wissens eingeführt. Die Produktmanager meiner fiktiven Abteilung »KidsMilk« richten sich eine Liste ein, auf der sie zu jedem Zeitpunkt sehen können, wer gerade mit welchen Projekten beschäftigt ist und wie weit die Sache gediehen ist.[10]

Es handelt sich um eine einfache Excel-Tabelle, die für jede Aktivität eine Zeile führt. Durch die Filterfunktionen ist sie schnell auswertbar. Man sieht auf einen Blick, wer bis zum Kragenknopf in halb fertigen Projekten steckt und was rasch erledigt werden konnte.

Besonders dann, wenn jemand kurzfristig und unvorbereitet ausfällt, ist diese Liste Gold wert. Wie das genau aufgebaut wird und funktioniert, sehen Sie im Praxisbeispiel Excel ab Seite 150.[11]

Ziel ist es also, innerhalb des eigenen Bereiches den Informationsfluss so zu gestalten, dass E-Mails eher die Ausnahme als die Regel sind!

Wenn Sie E-Mails schreiben, halten Sie sich bitte an einige Regeln. Das nun Folgende gilt für den hausinternen E-Mail-Verkehr, nicht für die Korrespondenz nach außen. Für Letztere gelten die gleichen Höflichkeitsformen wie im klassischen Papierbrief.

Kleiner E-Mail-Knigge – für den hausinternen Gebrauch

als Sender:

- Prüfen Sie das **Adressfeld: Stehen die richtigen Namen drin?** Steht jede Person, die in dieser Sache etwas unternehmen soll, im »An«-Feld und nicht etwa in »CC«? Denn es gilt: **Wer in »CC« steht, kann das lesen, muss aber nicht.**

- **Betreff: Steht das Richtige drin?** Sieht der Empfänger auf den ersten Blick, was es mit dieser Nachricht auf sich hat? Bei Routineabläufen empfiehlt sich sogar eine feste Syntax für die Betreffzeile. Damit kann die Nachricht zügig oder auch automatisch per Regel zugeordnet werden (siehe Abbildung 11: Regeln für das Sortieren von E-Mails, Seite 43).

Ein hervorragendes Beispiel sehe ich bei einem Seminaranbieter, mit dem ich gerne zusammenarbeite. Es geht um Inhouse-Trainings. Jede E-Mail, die ich aus diesem Haus erhalte, ist so aufgebaut:

[Name des Kunden] Name des Trainings – Name des Trainers. Das klappt, weil immer ein Kunde ein Training kaufen will. Dieses hat immer einen Namen und es braucht immer einen Trainer dazu. Das ist ein stark strukturierter Prozess. Damit ist nicht gemeint, dass keine Flexibilität möglich ist und alles in stumpfer Routine abgewickelt wird. Es heißt nur, dass dies die Kernaufgabe ist, die stets auf die gleiche Art abgewickelt wird.

- Verwenden Sie **Indexbegriffe für den Betreff** – mit oder ohne fester Syntax. Ein Indexbegriff zeigt dem Empfänger an, was zu tun ist. Um das sichtbar zu machen, stellen Sie den Indexbegriff einfach in Klammern ganz nach vorne:

(INFO) Statistische Auswertung Vertrieb Nord
(PRÜFEN) erste Entwürfe zur Plakataktion
(FREIGABE) Produktflyer #34567

- Kurz, knapp, auf den Punkt – sagen Sie den Empfängern ganz klar, was der Zweck dieser Nachricht ist und ob und wenn ja welche Aktion Sie von dem oder den Empfängern erwarten. Es hat sich inzwischen etabliert, wenn eine Aufgabe oder eine Info eine Person ganz besonders betrifft, diese einzuführen mit »@ Name«, zum Beispiel so:

@ Karin: Bitte rufe Bergmüller an wegen neuem Termin.

Aber bitte: Wenn Sie das so machen, schreiben Sie das oben in die Nachricht! Gut sichtbar und abgesetzt. Es ist gar nicht gut, wenn Karin erst 30 Zeilen für sie irrelevante Informationen lesen sollte, ehe sie zufällig im Fließtext ihren Namen findet. Das Problem spitzt sich zu, wenn Karin in »CC« stand. Dann dürfen Sie sich als Sender nicht wundern, wenn Ihre Aufträge nicht ankommen. Und ja, das ist ein echtes, erlebtes Beispiel. Eine Führungskraft beklagte die viele Zeit, die sie zum Nachhalten verteilter Aufträge benötigte. Das Problem lag genau hier.

- **Verwenden Sie für Kurznachrichten ausschließlich die Betreffzeile.** Viele Menschen lesen ihre E-Mails unterwegs auf mobilen Endgeräten. Dann ist das sehr praktisch. Im angloamerikanischen Sprachraum signalisiert man das mit einem »eom« am Ende für »End of message« oder auch mit »nfm« (»No further message«). Beides ist hierzulande nicht besonders geläufig. Schreiben Sie doch einfach »Gruß« und Ihr Kurzzeichen.

- **Versorgen Sie Ihre gesendeten E-Mails.** Der Ordner »Gesendet« fristet meist ein jämmerliches Dasein. Hat man den Posteingang noch so einigermaßen im Griff, wird der Ordner mit den gesendeten Objekten meist nur angesehen, wenn man entweder etwas sucht oder das Postfach dringend entlastet werden muss. Dann ist man einige Zeit damit beschäftigt, alte E-Mails zu sichten und zu bewerten. Das stellt sich dann in etwa so dar: Etwa ein Drittel davon ist sofort Müll. Das waren kleine Nachrichten ohne »bleibenden Wert«. Ein weiteres Drittel ist auch nicht mehr wichtig, weil die Unterhaltung längst weitergegangen ist und die Information im anderen Strang mit dabei ist. **Etwa ein Drittel davon ist wirklich wichtig,** weil Sie vielleicht Informationen als Anhang herausgegeben haben und belegen wollen und müssen, was genau wann an wen gegangen ist. Nun behaupte ich: **Welches Drittel das ist, wissen Sie schon beim Schreiben der E-Mail.** Dann geben Sie doch die Information, in welchen Ordner die E-Mail soll, gleich mit auf den Weg! Das geht in den Optionen.

Abbildung 13: E-Mail-Option *Nicht speichern*

- Klicken Sie in einer geöffneten E-Mail (Achtung: das geht nicht im Lesebereich, die E-Mail muss im eigenen Fenster geöffnet sein) auf *OPTIONEN* dann auf die Schaltfläche *Gesendetes Element speichern unter.*

- Dort können Sie auch gleich ein Häkchen bei *Nicht speichern* setzen, wenn es eine kleine Nachricht ohne Archivwert ist. Bei mir klappt das, seit ich diese Schaltfläche zur **Symbolleiste für den Schnellzugriff** hinzugefügt habe.[12] Dann sehe ich das Symbol, ehe ich auf »Senden« klicke. Der Nutzen ist, dass sich im Ordner »Gesendet« dann nur noch die E-Mails befinden, für die ich den Weg nach dem Senden nicht definiert habe, Das sind meist die wenig wichtigen. So können Sie viel schneller klar Schiff machen.

- **Lassen Sie Ihren Empfängern mit Antworten 24 Stunden Zeit** – wenn nicht gerade die Hütte brennt. Es ist gerade eine sehr ungesunde Beschleunigungsspirale in vollem Gang, die weder der Qualität noch der Quantität der geleisteten Arbeit dient. Legen Sie, wo immer möglich, einen Bremsklotz ein.

- Und das Letzte: **Telefonieren Sie nicht Ihren E-Mails hinterher!** Ich weiß, das machen Sie sowieso nicht. Aber irgendeiner muss es sein; in jedem (!) Seminar ist ein Kollege oder eine Kollegin von jemandem, der eine E-Mail verschickt und keine 30 Sekunden später anruft: »Hast du meine E-Mail bekommen? Was meinst du?« Wenn Sie diese Person kennen, schicken Sie sie zu mir.

als Empfänger:

- Halten Sie es mit dem Bearbeiten Ihres E-Mail-Posteingangs wie mit dem Essen: **regelmäßig, aber nicht ständig.** Ob regelmäßig bei Ihnen »zweimal am Tag« oder »zweimal in der Stunde« ist, will und kann ich nicht vorgeben. Wenn Sie im direkten Kundenkontakt oder in der Assistenz arbeiten, kann sogar zweimal in der Stunde zu selten sein. Sorgen Sie in diesem Fall dennoch für eine regelmäßige stille Stunde.[13]

- Unterscheiden Sie zwischen zwei verschiedenen Arbeitsroutinen**: E-Mails sichten und E-Mails abarbeiten**. Beim Sichten prüfen Sie – gleich am Morgen – ob eine »brennende Hütte« dabei ist. Das werden Sie am Betreff und am Absender erkennen. Bearbeiten Sie diese – und nur diese. Widmen Sie die nächste halbe bis ganze Stunde Ihrer absoluten Priorität 1 für heute. Lassen Sie dabei Ihr Postfach geschlossen. Erst danach arbeiten Sie alle anderen E-Mails ab. Das ist sinnvoll, weil Sie damit der Reaktionsfalle zumindest ein kleines Schnippchen schlagen. Ehe Sie im »ganz normalen Alltagswahnsinn« aufgehen, haben Sie Ihre wichtigste Aufgabe ein Stück vorangebracht.

- Nutzen Sie Ihren Posteingang nicht als »Running-To-do-Liste«. Das ist unsicher, unübersichtlich und macht ein schlechtes Gewissen. **Trainieren Sie Ihre Entscheidungskompetenz.** Das ist der ultimative Schlüssel zum übersichtlichen Postfach. Wenn Sie im »Bearbeiten-Modus« sind, lassen Sie sich selbst nicht vom Haken, ehe Sie zu einer E-Mail eine Entscheidung getroffen haben, was mit ihr geschehen soll. Ist die Entscheidung getroffen, wird dieser nächste Schritt sofort eingeleitet.

Sonderfall Teampostfach

Immer häufiger wird das persönliche Postfach durch ein Teampostfach ersetzt. Die Adresse für Kunden ist dann beispielsweise nicht *heidimeier@effektiv.info,* sondern *anfragen@effektiv.info.* Das hat mehrere Vorteile: Es müssen nicht die Namen von Mitarbeitern im Internet kommuniziert und somit auch nicht geändert werden, wenn etwa Frau Meier in die Entwicklung wechselt. Auch bleibt in diesem Fall die Korrespondenz im »Anfragen«-Postfach erhalten, während viele relevante Vorgänge mit Frau Meier die Abteilung verlassen würden, wären sie im persönlichen Postfach. Das ist mehr als lästig, wenn die Person nicht nur die Abteilung, sondern auch das Unternehmen verlässt. **Dann wird durch das Stilllegen eines Postfachs oft auch wichtiges Wissen dem Zugriff entzogen.** Nach außen und betriebswirtschaftlich betrachtet hat diese Sache also nur Vorteile. Im alltäglichen praktischen Umgang gibt es allerdings einige Stolpersteine.

Wer kümmert sich – Was ist auf dem Weg?

Hier will ich keine ausführliche Outlook-Anleitung zum Thema schreiben, nur die drei besten Tipps mit auf den Weg geben. Wie das alles Outlook-technisch umzusetzen ist, sehen Sie im Praxisteil.

- Alle, die mit dem Postfach arbeiten, erhalten eine Farbe fest zugeteilt.

- Nutzen Sie die Kategorien. **Legen Sie sich Kategorien an mit Ihrem Namen oder Kurzzeichen.** Diese nutzen Sie, um anzuzeigen: Diese E-Mail wird von mir bearbeitet. Damit sofort klar ist, dass das eine Personenkennung ist, führen Sie diese mit @ an. Also heißt die Kategorie von Frau Meier zum Beispiel »@ hm«. Außerdem stehen damit die Kategorien mit den Personennamen alle beisammen oben in der Liste der Kategorien.

- Wenn Sie, nachdem Sie einen E-Mail-Schriftwechsel hatten, telefonieren, um einen »Knopf an eine Angelegenheit zu machen«, **gehen Sie professionell mit der Gesprächsnotiz um!** Wie das mit wenigen Klicks geht, lesen Sie ab Seite 105. Im Teampostfach legen Sie sich je eine Schnelltabelle für jedes Teammitglied an. In der Farbe, die auch für die Kategorie verwendet wird. Dann sieht man auf einen Blick, wer das Gespräch geführt hat und was besprochen wurde.

Struktur für die digitale Ablage

Ablage von E-Mails

Das ist ein riesiges und komplexes Thema. Es gäbe praktisch ein eigenes Buch her, wollte ich allen Situationen gerecht werden. Ich versuche, mich aufs Nötigste zu beschränken und einige bewährte Tipps weiterzugeben.

Als Erstes die bittere Wahrheit:

> Outlook ist eine Insel mit einem Bewohner.

Outlook ist in Postfächern organisiert, die je einer Person zugeordnet sind. Würde jeder und jede für sich alleine arbeiten, hätten wir gar kein Problem. Das ist aber nicht so. Kollaboration und Outlook vertragen sich nicht gut. Wir arbeiten mit Vertretungsregelungen und freigegebenen Postfächern und so weiter. Immer mal wieder ist das – gelinde gesagt – suboptimal. Das ist auch der Hintergrund, warum ich immer versuche, so viel wie möglich des hausinternen Kommunikationsflusses aus Outlook herauszuhalten. Also, wohin mit den E-Mails?

Strukturüberlegung für die Ablage einer Einzelperson

Zuallererst: Bewahren Sie nicht alles auf! Sonst laufen Sie Gefahr, dass wirklich Wichtiges in der Flut des Irrelevanten untergeht! Sie müssen auswählen. Mein Rat: Seien Sie Experte in Ihren Kernaufgaben. Die Themen, bei denen Sie – wenn das in zwei Jahren noch mal gebraucht wird – die erste Person sind, die man fragt, die legen Sie mit aller Sorgfalt gut sortiert nach Themen ab. Alles, was Ihren Bereich nur am Rande betrifft, legen Sie nach der Aktion ab und bewahren es nicht länger als zwölf Monate auf. Jeder Kleinkram wird nach spätestens vier Wochen entsorgt. Das müssen Sie nicht einmal händisch machen, Sie können das als Ordnereigenschaft in Ihrem Outlook-Postfach einstellen. Die Schaltfläche heißt entweder *Richtlinie* oder *AutoArchivierung* auf dem Menüband *ORDNER*.

Sortieren ... in zwei Durchgängen

Vor dem Ablegen muss sortiert werden. Das ist die schnellste und effizienteste Methode. Der Trick ist, dass es **in zwei Durchgängen je drei trennscharfe Kriterien** gibt. Trennscharf heißt, dass auf jedes Element genau ein Kriterium zutrifft. So verzettelt man sich nicht und kommt schnell zum Ziel.

Der erste Durchgang kennt drei Kriterien: **fertig – nicht fertig – Müll.**

Sortieren Sie zuerst nach diesen drei Kriterien. Alles, was keine Aktion mehr erfordert, wird entweder abgelegt oder entsorgt.

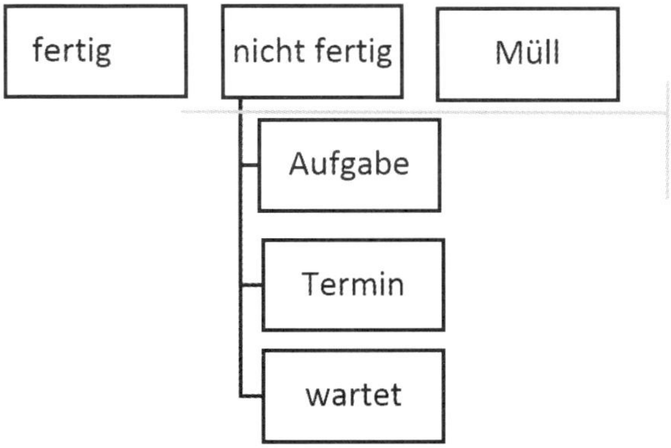

Abbildung 14: Entscheidungshilfe zum Sortieren

Alles, womit noch etwas zu tun ist, wird im zweiten Durchgang sortiert nach:

- **Aufgabe:** Das ist etwas, mit dem muss ich selbst etwas unternehmen. Entweder so schnell wie möglich oder bis zu einem bestimmten Zeitpunkt.

  Outlook: Zur Nachverfolgung kennzeichnen oder eine Aufgabe daraus machen.

- **Termin:** Diese Sache brauche ich zu einem bestimmten Zeitpunkt. Bis dahin brauche ich es nicht.

  Outlook: In einen Kalendereintrag kopieren, verschieben oder verknüpfen.

- **Wartet:** Diese Sache werde ich brauchen, wenn jemand mir eine dazugehörige Information liefert. Ich weiß nicht, wann das sein wird, ich muss das auch nicht nachhalten.

  Outlook: In einen Ordner mit dem Namen **wartet* verschieben. Das Sternchen hat die Aufgabe, den Ordner ganz oben in die Liste zu bringen. Sonst sehen Sie ihn nicht und vergessen den Inhalt.

Eine ergänzende Idee zur übersichtlichen Gestaltung der zu bearbeitenden E-Mails finden Sie im Praxisteil »Outlook, Kanban im Posteingang« ab Seite 103.

Ablage nach Themen

Die Unterordner nach Themen im Posteingang sind Fluch und Segen zugleich. Einerseits bieten sie eine gute Möglichkeit, Informationen über lange Zeit zusammenzuhalten, andererseits sollte das Ordnersystem nicht zu fein gegliedert sein. Denn sonst dauert das Ablegen und Auffinden zu lange. Als Faustregel gilt: Je länger Ihre Themen aktuell bleiben, umso sorgfältiger müssen Sie ablegen. Verwenden Sie in Ihrer E-Mail-Ablage die gleiche Struktur wie auf dem Laufwerk. Wahrscheinlich ist es sinnvoll, etwas grober zu gliedern und die Details über die wirklich gute Suchfunktion in Outlook abzudecken. Seit Outlook 2013 gibt es die Möglichkeit, die Ordner einfach durch Ziehen mit der Maus anzuordnen. In älteren Versionen können Sie mit Führungsziffern arbeiten, um die richtige Reihenfolge Ihrer Ordner festzulegen.

Orte für die Teamablage
Team-E-Mail-Postfach, Unterordner

Hier gilt das Gleiche wie oben. Allerdings müssen Sie sich im Team auf die Namen und gegebenenfalls auf die Reihenfolge der Ordner einigen. Eine gute und sinnvolle Ordnung entsteht nicht von alleine. Entweder ein Mitglied Ihres Teams übernimmt das oder Sie setzen sich zusammen und legen gemeinsam die Richtlinien fest.

Freigegebene Outlook-Ordner

Das ist mein Favorit, wenn Sie nicht im Teampostfach arbeiten. Genau so, wie Sie Kalender freigeben können, können Sie auch Ordner für die Nutzung durch andere freigeben. Das muss im Team gut abgesprochen werden, spart aber das komplette Hin- und Hersenden von E-Mails zur Info. Wer sich über den Stand der Dinge zu einem Thema informieren möchte, schaut in den entsprechenden Ordner und fertig.

Es gibt übrigens in Outlook eine tolle Einstellung, die Outlook sagt, dass, wenn eine E-Mail aus einem Ablageordner heraus beantwortet oder weitergeleitet wird, diese neu erstellte E-Mail gleich in dem entsprechenden Ordner landet. Sie finden dieses nützliche Kontrollkästchen in *Optionen – E-Mail – E-Mails speichern.*

Abbildung 15: Outlook-Optionen – dieses Kontrollkästchen aktivieren

Direktes Ablegen im Filesystem

Der Vorteil liegt darin, dass E-Mails gemeinsam mit anderen Dateien in demselben Ordner liegen. So ist die Bindung Outlooks an das persönliche Postfach aufgehoben. Jedes Teammitglied kann auf denselben Pool von E-Mails zugreifen. Leider hat diese Sache einen Schönheitsfehler: Als Dateiname jeder E-Mail wird einfach die Betreffzeile eingesetzt und das Erstelldatum der Datei ist das Datum, an welchem die Datei ins Filesystem abgelegt wurde, nicht etwa das des Erhalts der E-Mail. Das wichtige Empfangsdatum ist so nicht erkennbar. Wird eine umfangreiche Korrespondenz in einem Rutsch abgelegt, geht die Reihenfolge der E-Mails verloren. Es ist also nicht sinnvoll, jede einzelne E-Mail auf diese Weise abzulegen. Allerdings kann es sinnvoll sein, sogenannte Brückenkopf-E-Mails, also die letzte E-Mail einer Korrespondenz, als einzige des Vorgangs abzulegen. Wenn Sie so arbeiten möchten, sollten Sie unbedingt eine gute Dateinamensyntax festlegen. Automatisch geht das mit Add-ins zu Outlook, zum Beispiel mit dem AutoFiler.

Ablegen in OneNote

Auch das Ablegen der E-Mail-Korrespondenz in OneNote ist eine Möglichkeit – die ich aber nicht empfehle. Es geht zwar recht leicht – mit einem Klick ist die E-Mail abgelegt – jedoch kann sie nicht wieder weiterverwendet werden. Sie erscheint in OneNote ähnlich wie in einem Ausdruck. Zu reinen Informationszwecken kann das in Einzelfällen sinnvoll sein, aber als generelle Ablage nicht. OneNote ist das teamfähigste Mitglied der Microsoft-Office-Familie abgesehen von SharePoint. Es hat viele ungeahnte Talente – E-Mail-Verwaltung gehört aber leider nicht dazu.

Ablegen auf SharePoint oder Integration in ein DMS

Wenn Sie eine der beiden Möglichkeiten zur Verfügung haben, nutzen Sie sie! Die Möglichkeiten und Gegebenheiten sind viel zu verschieden, als dass ich hier konkrete Tipps geben könnte. Aber eines ist sicher: Die Umstellung der Ablage auf eine solche Kollaborationsplattform kostet zunächst einmal Mut und Mühe – aber das lohnt sich sehr.

Ordnung im digitalen Ordner

Auch jenseits des E-Mail-Verkehrs wollen Dateien gut abgelegt sein. Oft werden gemeinsame Ordner genutzt, nur manchmal gibt es Vorgaben dafür. Diese braucht es unbedingt, sonst wuchert das Chaos! Wie auch im gemeinsamen E-Mail-Postfach muss es Regeln geben: für die Benennung von Dateien und Ordnern. Die kleinste Einheit ist der Dateiname. Beginnen Sie damit.

Dateinamensyntax

Vor etwa zehn Jahren wurde Microsoft Word so programmiert, dass der vorgeschlagene Dateiname von *Dokument 1* geändert wurde auf die ersten Worte des Textes. Sowohl mit der einen (vorherigen) wie auch der anderen Variante handelt man sich nichts als Ärger ein – das war allen professionellen Nutzern auf den ersten Blick klar. Dateien müssen gute, aussagekräftige Namen erhalten. Wie aber sind diese zu wählen, wer legt das fest und wie ist sicherzustellen, dass auch alle, die in einem gemeinsamen Laufwerk Ordner ablegen, die Vorgaben einhalten? Jedes Dokument hat »statische Eigenschaften«. Das sind Informationen über das Dokument, die erhalten bleiben, solange das Dokument existiert. Eine Faustregel: Drei der statischen Eigenschaften machen das Dokument mit 97-prozentiger Sicherheit identifizierbar.

Nun gilt es nur noch, in jedem Bereich die **drei passenden Eigenschaften** auszuwählen. Hier ist die Liste der Möglichkeiten:

statische Merkmale
Erstelldatum
Datum der Durchführung/des Gültigwerdens
Ersteller/verantwortliche Person
Empfänger
Gegenstand
Sachgebiet
Identifikationsnummer
Art des Dokumentes

Beispiel:

Art des Dokumentes – Gremium – Datum der Durchführung
Protokoll_Aufsichtsrat_2015-01-15

Versionierung

Im Bedarfsfall kann das Dokument eine Versionierung im Dateinamen erhalten.

- Der erste Entwurf bekommt »_a« angehängt.
- Jeder weitere Entwurf den im Alphabet folgenden Kleinbuchstaben
- Die erste Freigabe heißt »_0«.
- Jede weitere Freigabe erhält die nächste Ziffer.
- Sollen auch Entwürfe nach der Freigabe kenntlich gemacht werden, wird der Kleinbuchstabe einfach an die Ziffer angehängt.
- Wird auch das Kürzel des Bearbeiters benötigt, kommt das an die letzte Stelle.

Beispiel:

Die dritte Auflage der Dokumentation zu einer Outlook-Schulung, die von mir gerade überarbeitet wird (um sie so dem Kunden vorzulegen): *Doku_OutlookProfi_2015-04_3a_He*

Die Gebrauchsanleitung für Ordner

Das Folgende mag Ihnen sehr ausgefallen vorkommen und vielleicht haben Sie auch den Eindruck, dass ich mit Kanonen auf Spatzen schieße. Aber nicht jeder Ordner benötigt solch ausführliche Vorgaben. Sehr sinnvoll sind sie aber für gemeinsame Ordner, in denen die Dateien Ihrer Kernaufgaben liegen, also die Informationen, an denen Sie gemessen werden, wo Sie oder Ihr Team die Experten sind und auf die auch lange Zeit zugegriffen wird.

Ordner für die Vorlagen

Jeder Hauptordner hat drei »Anleitungsordner«, die durch Sonderzeichen oben positioniert werden**. Im Ordner (Vorlagen) liegen alle Prozessdokumente**, die für die Arbeit in diesem Ordner gebraucht werden. Das heißt: alle Checklisten, Formulare, Dokumentvorlagen et cetera. Wenn diese zentral im Firmenlaufwerk gespeichert sind, legen Sie in diesem Ordner eine Verknüpfung zu diesen Ordnern an. Das Ziel ist, mit wenigen Klicks alle benötigten Dokumente in der aktuellen Version zur Hand zu haben.

Der Ordner [Standard-Unterordner] zeigt die vorgeschlagenen Unterordner für die Themenordner. Die vorangestellte Führungsziffer dient hier der korrekten prozessorientierten Reihenfolge. Diese Leerordner können via Zwischenablage (*Kopieren – Einfügen*) schnell in neue Themenordner übernommen werden. Erstellen Sie keine Ordner, die leer bleiben werden! Wenn Sie wissen, dass es bei einem Thema zum Beispiel keine gesonderte Dokumentation der Meilensteine gibt, entfernen Sie diesen Ordner sofort. Die Führungsziffer 3 wird aber nicht anderweitig vergeben. Die Dokumentation erhält dann trotzdem die 4. Somit ist auch klar, dass es den Meilensteinordner hier nicht gibt.

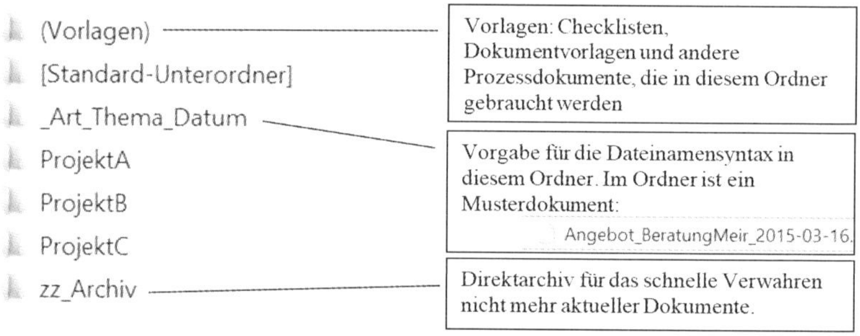

Abbildung 16: Grundstruktur für Musterordner

Beispielinhalt des Ordners [Standard-Unterordner]:

Abbildung 17: Beispielinhalt für Standardunterordner

Der Ordner mit der Vorgabe für die Dateinamensyntax hat den führenden Unterstrich nur zur Positionierung. Beim eigentlichen Dateinamen bleibt dieser natürlich weg. Der Ordner **bezeichnet die Bausteine, die verwendet werden.** Im Ordner kann ein (leeres) Musterdokument abgelegt werden, mit einem beispielhaften Dateinamen.

Stellen Sie dort, wo es sinnvoll ist, **Archivordner** zur Verfügung. Sie heißen **zz_Archiv**, weil dadurch der Ordner als Letztes in der Reihe steht. Der Nutzen ist, dass nicht mehr aktuelle Dokumente mit einem Handgriff weggeräumt werden können. Dadurch bleibt Ihre Ablage schlank und übersichtlich und Sie sparen sich das Scrollen von langen Dateilisten vorbei an längst nicht mehr aktuellen Dokumenten.[14]

Die Markierung verwenden

Eine sehr gute Hilfe zum Ordnen und vor allem gezielten Wiederfinden von Dokumenten und insbesondere auch Bildern wird nur ganz selten gesehen, gekannt und benutzt: die Markierung. Das ist eine einfache Möglichkeit, alle Dateien mit einem Stichwort, Suchwort, einer Kategorie – kurz: einem Eintrag in den Metadaten zu versehen. Dieser wird von der Suchfunktion im Explorer einwandfrei gefunden und vor allem: **Die Fundstellen werden in der Ergebnisliste an oberster Stelle angezeigt!**

Markierungen für Office-Dokumente

Sie haben das sicher schon gesehen, aber nicht wahrgenommen. In jedem *Speichern unter …* -Fenster ist diese Markierung zu finden:

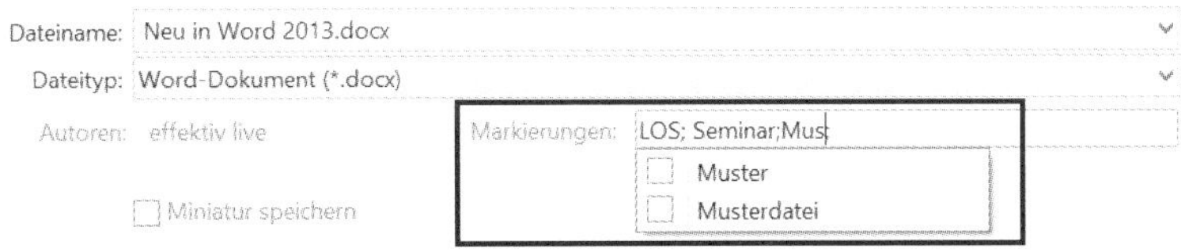

Abbildung 18: Das Markierungsfeld im Fenster *Speichern unter …*

Sie sehen in dieser Abbildung, dass schon beim Eingeben des Begriffes bereits verwendete Markierungen vorgeschlagen werden. Durch Klick auf das Kontrollkästchen können Sie diese auswählen.

Markierungen für Bilder

Um gut an die Markierungen für Bilder heranzukommen, sollten Sie den Detailbereich im Windows-Explorer einschalten:

Abbildung 19: Register Ansicht – Detailbereich

Nun erscheint am rechten Rand des Bildschirms der Detailbereich mit Informationen zum Bild, dabei auch die Markierungen. Sie können hier direkt eingetragen werden.

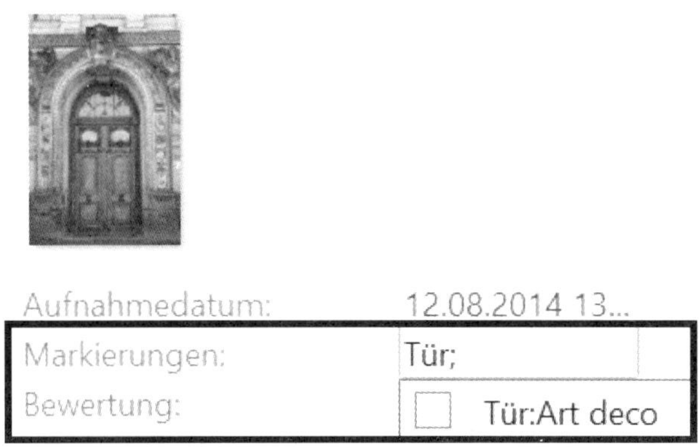

Abbildung 20: Markierung eines Fotos

Der Nutzen dabei ist, dass Sie Ihre Bilder außer in einem passenden Ordner auch über die Stichwortsuche finden können. Bei mir sind Fotos chronologisch geordnet, außerdem fotografiere ich gerne Wege und Türen. Durch die Markierungen kann ich darauf verzichten, eigene Ordner zu Wegen und Türen anzulegen. Ich markiere die entsprechenden Bilder und finde sie dann über das Explorer-Suchfenster mit dem entsprechenden Stichwort.

Der Nutzen für Office-Dokumente: Sie können interne Zuordnungen zu Dokumenten hinterlegen, die nicht im Dokument selbst erscheinen, beispielsweise eine Projektnummer konsequent als Markierung für alle Dokumente des Projektes geführt, ermöglicht eine rasche und treffsichere Suche aller zugehörigen Dokumente.

3. Das Überleben sichern – Segeln auf der Informationsflut

Im vorangegangenen Kapitel ging es um ganz pragmatische Lösungsansätze, wie Sie hier und heute Ihre Daten besser im Griff halten können. Das ist die eine Seite der Informationsflut. Die andere ist die Frage »Wie geht es Ihnen?«. Nicht als Floskel dahergesagt, sondern – etwas ausführlicher formuliert: Wie gehen Sie selbst mit sich und der Tatsache um, dass Sie sich mit Wissenslücken arrangieren müssen? Können Sie Ihren inneren Perfektionisten davon überzeugen, dass es Ihren Wert nicht mindert, wenn Sie nicht alles aus dem Stand wissen? Schaffen Sie es, sich den Ausstieg aus dem Hamsterrad zu organisieren?

Den ganzen Tag geschuftet und nichts geschafft?

Haben Sie eine Aufgabenliste, die es an Länge mit der Donau aufnehmen kann? Sie merken das an dem unguten Gefühl, wenn Sie am Abend Ihren Schreibtisch verlassen, sehr erschöpft sind und dennoch den Eindruck haben, heute überhaupt nicht vorangekommen zu sein. Es sind mehr neue Aufgaben hinzugekommen, als Sie abarbeiten konnten. Und die wirklich wichtige Aufgabe – zu der sind Sie heute gar nicht gekommen vor lauter Klein-Klein. In den 1980er-Jahren, als die Zeitplansysteme in Mode gekommen sind, hat man sich Aufgabenlisten geschrieben und einzelne Aufgaben dem Tag zugeordnet. Alles, was an diesem Tag nicht erledigt worden ist, musste in den folgenden Tag übertragen werden. Heute höre und sehe ich immer öfter, dass diese Form der Tagesplanung nicht mehr funktioniert, weil die Aufgaben und Prioritäten sich viel zu schnell ändern.

Außerdem finde ich, dass es den Blick in die falsche Richtung lenkt, wenn man die nicht erledigten Dinge überträgt. Bei jedem Übertragen einer unerledigten Aufgabe schwingt ein kleiner Vorwurf mit, dass dies heute nicht gelungen ist. Das nützt aber leider gar nichts. Denn damit wird überhaupt nichts besser. Nur Sie selbst fühlen sich schlechter. Daher lade ich Sie zu einem Blickwechsel ein: Fokussieren Sie sich auf das Gelungene! Schreiben Sie ein Office-Tagebuch.

Ein Office-Tagebuch führen

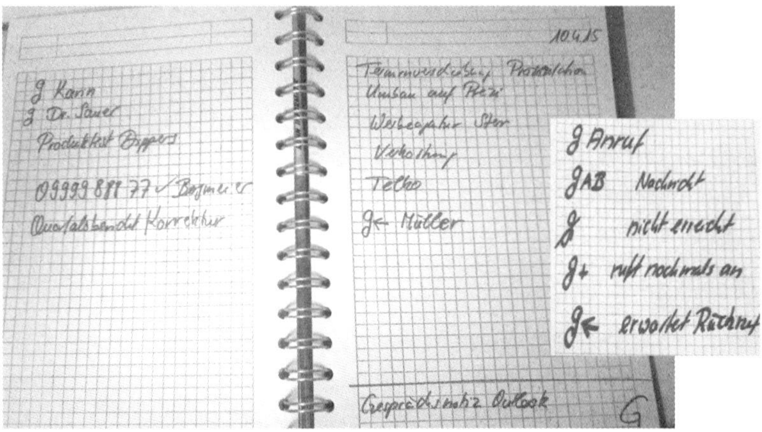

Abbildung 21: Office-Tagebuch

Ein Office-Tagebuch ist ein fest gebundenes Buch, auch Spiralbindung ist gut. Es kann DIN A5 oder DIN A4 sein.

Jeder Tag erhält eine Doppelseite. Oben rechts steht das Datum, auf der linken Seite schreiben Sie ganz formlos alles hin, was heute so anliegt, an was Sie sich erinnern wollen. Jemand ruft Ihnen etwas zu, Sie notieren eine Telefonnummer, die noch angerufen werden muss. Dies ist ergänzend zu den Aufgaben in Outlook, für den Kleinkram. Machen Sie keine doppelte Buchführung.

Wichtiger ist die rechte Seite. Dort schreiben Sie ein ganz kurzes Protokoll dessen, was heute wirklich los war. Ich verwende gerne kleine Symbole, wie Sie oben sehen. Der stilisierte Hörer mit Pfeil nach links, daneben »Müller« heißt, dass Müller einen Rückruf erwartet. Das ist in wenigen Sekunden notiert und Sie haben wieder den Kopf frei. Diese Form der Notizen hat aber noch drei andere, wichtigere Wirkungen:

1. **Sie lenkt Ihren Blick auf das Gelungene, das Geleistete, das, was heute war.** Auch wenn es vielleicht ganz etwas anderes war, als Sie sich vorgenommen hatten. Der Tag hatte seine eigenen Gesetze und Notwendigkeiten. Leider neigen wir Menschen dazu, eher das halb leere Glas zu sehen als das halb volle. Die Übung, das Getane anzusehen und wertzuschätzen, verbessert langsam, aber stetig unseren Fokus.

2. **Mit dem Notieren, was getan wurde, gelingt es besser, für den Tag realistische Pläne zu machen.** Meist nehmen wir uns viel zu viele Aufgaben für einen Tag vor. Würde man realistisch die Zeit schätzen und noch Pufferzeiten hinzurechnen, kämen vielleicht 14 Stunden heraus. Da wir aber die Planung im seltensten Fall schriftlich machen und erst recht nicht immer die genauen Zeiträume notieren, findet die Planung im Groben im Kopf statt. Acht von zehn Menschen planen regelmäßig zu viele Aktivitäten für den Tag ein. Leider kennt dieses Vorgehen nur Verlierer. Denn vom vielen Vornehmen ist noch nichts schneller fertig geworden. Und so kommen immer noch weitere unerledigte Punkte auf die Aufgabenliste. Durch das Protokollieren werden Sie immer besser im Schätzen der für einen Tag realistisch auszuführenden Aufgaben. Wenn Sie selbst klar und sicher sind, was machbar ist und was nicht, sind Sie auch sicher im Gespräch mit einer Person, die Sie bittet, eben noch schnell dies oder das zu tun.

3. **Durch den Blick auf Ihre eigene Leistung werden Sie sprachfähig, was Ihre Qualifikation und Ihre Leistung angeht.** Auf die Frage: »Was sind denn Ihre Aufgaben?«, können Sie schnell

und sicher antworten, weil Sie jeden Tag vor Augen haben, was Sie geleistet haben. Wenn ein Kollege oder eine Kollegin mittelfristig vertreten werden muss, können Sie anhand Ihrer Aufzeichnungen qualifizierte Aussagen machen, welche Aufgaben Sie übernehmen könnten und welche Aufgaben Sie wiederum abgeben müssten, um sich die nötigen Freiräume für das neu Hinzugekommene zu schaffen.

Praxistipp zum Thema Informationsmanagement

Vielleicht schreiben Sie an jedem Tag in die letzte Zeile Ihres Blattes eine Sache, die Sie heute gelernt oder gelesen haben, die es wert ist, behalten zu werden.

Was den Stress auslöst

Nein, ich habe es ansonsten eher nicht mit Anglizismen. Aber dieses Wort finde ich sehr treffend: **Overcommitment**. Sich über-verpflichten, sich mehr verausgaben, als der Person oder der Sache guttut. Sich für zu viele Dinge zuständig fühlen – und diese am liebsten auch alle gleichzeitig erledigen wollen. Dass dieser Anspruch Stress produziert, und zwar nicht den der positiven Art, versteht sich von selbst. Was genau löst denn heute Stress aus – und was nicht?

Laura Roschewitz hat in einer Studie, die sie für Ihre Bachelorarbeit anfertigte, Folgendes herausgefunden:[15]

- 80 Prozent der Befragten empfinden Zeitdruck in ihrem Leben (bei Frauen ist das Gefühl signifikant stärker ausgeprägt)
- Mehr als 50 Prozent wünschen sich weniger Tempo in ihrem Leben.
- Das Stressempfinden wird **wenig** beeinflusst durch:
    - den jeweiligen Bildungsstand,

  - ob eine Frau Kinder hat,
  - ob man auf dem Land oder in der Stadt lebt,
  - die Zahl der wöchentlichen Arbeitsstunden.
- Einfluss auf das Stressempfinden hat:
  - ob die Zeit selbstbestimmt eingeteilt werden kann,
  - ob man sich gut abgrenzen und Nein sagen kann ohne schlechtes Gewissen,
  - ob man das, was man tut, mit Freude tut.

Es entsteht viel Stress durch die Ansprüche, denen wir glauben genügen zu müssen. Oft sind das gar nicht die wirklichen Ansprüche anderer Menschen, sondern unsere eigenen Interpretationen davon. Meist gehen wir von einem viel höheren Anspruch aus als dem, den die andere Person hat – wenn diese überhaupt darüber nachdenkt. **Die wichtigste Stellschraube zum Umgang mit Stress ist also bei uns selbst zu finden.**

Die Positivliste: Was stärkt

»Nein« ist ein ganzer Satz

»Euer Ja sei ein Ja, euer Nein ein Nein; alles andere stammt vom Bösen.« Dieser Satz steht in der Bibel, Matthäus 5, 37. Er ist eine zeitlose Wahrheit, die auch hier Gültigkeit hat. Auch wenn es im Ursprungskontext eher ums Schwören und rechtliche Angelegenheiten geht. Der Hintergrund bleibt aber derselbe: **Denken Sie gut darüber nach, ob Sie Ja oder Nein sagen wollen, und dann bleiben Sie dabei**.

Es kann sehr sinnvoll sein, um Bedenkzeit zu bitten, wenn ein Kollege oder eine Kollegin eine Aufgabe bei Ihnen positionieren möchte. Geben Sie dabei immer eine feste Zeit an, zu der Sie die Antwort geben werden. Schwierig finde ich die Antwort: »Ich überleg's mir.« Das ist eine Nicht-Aussage. Besser in diesem Falle: »Das kann ich jetzt nicht ad hoc beantworten. Morgen Vormittag sage ich Bescheid, wie es aussieht.« Sagen Sie nur Ja, wenn es sich um eine Aufgabe handelt, die Sie interessant finden und gerne tun möchten. Erhöhen Sie den Widerstand bei allen anderen Dingen. Falls Sie schon die begehrte Anlaufstelle für allerlei Anliegen sind, Ihnen dies allmählich über den Kopf wächst und Sie die Rolle des Unterstützers in allen Lebenslagen gerne verlassen möchten, gehen Sie stufenweise vor.

Zuerst arbeiten Sie nach innen. Diesen Schritt dürfen Sie keinesfalls auslassen. Denn warum rutscht ein »Ja, natürlich mache ich das!« so schnell heraus? Klar, weil wir gerne anderen einen Gefallen tun. Dagegen ist auch grundsätzlich nichts zu sagen – außer wenn der Preis zu hoch wird. Machen Sie sich klar, welchen Preis Sie für ein vorschnelles Ja zahlen, und setzen Sie für sich die Grenze fest.

Danach kommt der oben erwähnte Schritt über die **Bedenkzeit**. Wenn das nächste Mal eine Aufgabe auf Sie zukommt, die eigentlich nicht die Ihre ist, erbitten Sie Bedenkzeit. Wenn Ihnen das nicht leichtfällt, üben Sie einen Satz vorher ein und schreiben ihn auf ein Kärtchen, das sie in Sichtweite an Ihren Platz stellen.

Wenn Sie eine Aufgabe oder eine Verantwortlichkeit gar nicht mehr wahrnehmen möchten, planen Sie eine **Übergangszeit** ein. Vielleicht sind die Menschen in Ihrer Umgebung daran gewöhnt, dass bei Ihnen die Sachen in guten Händen sind. Das ist großartig, hat aber leider auch eine Kehrseite. Ein einmaliges Nein hilft nicht viel. Eine Änderung braucht länger, bis alle daran gewöhnt sind, dass Sie hier nicht mehr agieren werden. Kündigen Sie diesen End-Zeitpunkt an oder alternativ: »Ich werde diesen Part in Zukunft nicht mehr übernehmen können. Ich zeige dir das heute in aller Ruhe. Bitte mache sorgfältig Notizen, damit du das zukünftig alleine tun kannst.«

Lassen Sie sich danach nicht mehr weichkochen. Davon ausgenommen bleiben natürlich echte Notsituationen.

Stufenplan zum professionellen Nein

Stufe 1: Erlauben Sie sich selbst, Dinge nicht zu tun.
Stufe 2: Erbitten Sie Bedenkzeit.
Stufe 3: Ausstieg aus dieser Aufgabe ankündigen.
Stufe 4: Konsequent beim Nein bleiben.

Der Knackpunkt ist tatsächlich die eigene Einstellung zu der Sache und die eigene Überzeugung, mit dem Nein das Richtige zu tun. Wenn das stimmt, folgen Kraft und Konsequenz auf dem Fuß. Wenn nicht, wird Sie das Neinsagen mehr anstrengen, als die Aufgabe auszuführen. Das ist der Stoff, aus dem man ein halbherziges Ja macht.

Geklärte Aufgaben: Nachfragen und Feedback geben

In einem anderen Zusammenhang habe ich schon die sachlich-technische Seite beleuchtet,[16] hier geht es mir um die Teamzusammenarbeit und unterschwellige Nachrichten, die so leicht fehlinterpretiert werden.

Eine Führungskraft mit mehreren Sekretärinnen sagte kürzlich: »Ich gebe meine Sachen an die, von der ich weiß, dass es ohne Aufhebens gut erledigt wird.« Das Problem hier war, dass die eine Kraft hart am Rande ihrer Belastungsgrenze agierte, die andere aber neidisch wurde, weil die Kollegin vermeintlich die interessanten Aufgaben bekam, während sie selbst nur die als minderwertig angesehenen Tätigkeiten tun durfte. Unmut lag in der Luft, aber von den Beteiligten konnte niemand den Finger auf die Ursache legen. Erst ein moderierter Überblick über die Aufgaben, den dahintersteckenden Aufwand, die zur Verfügung stehenden Ressourcen und auch über den subjektiven Lustfaktor brachte Licht in die Situation.

Danach konnten die anstehenden Aufgaben besser verteilt werden. Die Transparenz im Team verbesserte sich dabei erheblich und letztlich fielen später auch Vertretungen an der jeweils anderen Stelle leichter. Der wichtigste Nutzen war allerdings: **Zu erleben, dass sich die eigenen Aufgaben mit etwas gutem Willen und geringen Mitteln gestalten und verändern lassen!** Das ist ein wichtiger Baustein der Selbstbestimmung.

Pausen sind wichtig und dürfen nicht gestrichen werden

Jeder Maschinenbauer weiß, dass eine Maschine, die ständig unter Volllast fährt, kaputtgeht. Jeder Sportler weiß, dass die Pausen zwingend zum Training gehören. Wir wissen, wenn wir auf eine Prüfung lernen, dass stundenlanges und tagelanges Lernen nicht zwingend zum Erfolg führt.

Dennoch pflegen die wenigsten Wissensarbeiter ihre Arbeitspausen. Die Pausenkultur hat sich leise verabschiedet. Sogar in der Kantine liegt nicht selten das Smartphone mit dem E-Mail-Posteingang auf dem Tisch. Ganz ehrlich: Warum tut der Mensch das? Mit Sicherheit geht die berufliche Welt nicht unter, wenn man sich 60 Minuten am Tag ausklinkt. Wirklich, mit dem besten Gewissen der Welt. Ganz etwas anderes denken, die Mahlzeit mit Genuss verspeisen. Ein bisschen ausruhen. Mit netten Menschen plaudern. Die Akkus wieder aufladen und so bei Kräften bleiben.

Zeitmanagement für heute und morgen: Effektivität, Effizienz und was wirklich hilft

Die klassischen Zeitmanagement-Methoden stoßen heute an ihre Grenzen. Zu viele Aufgaben, Anforderungen, Informationen und Möglichkeiten stehen Schlange und buhlen um unsere Zeit. Ja, das Leben und seine Anforderungen haben sich verändert. Ein Beispiel: Wenn ein Privathaushalt in den 1970er-Jahren (als das Zeitmanagement entstand) ein Telefon brauchte, gab es genau eine Stelle, bei der man den Antrag stellte. Dann konnte man wählen, ob es ein rotes, grünes oder beigefarbenes Gerät sein sollte, und fertig war die Sache für den zukünftigen Telefonbesitzer. Heute ein Telefon zu kaufen, würde, wenn man alle Möglichkeiten und Entscheidungen auflisten und abwägen wollte, eine mittlere Projektmanagement-Software und sehr viel Zeitaufwand erfordern. Bestimmt haben Sie schon einmal ein Telefon gekauft, ganz ohne Projektmanagement-Software. Wie das ging? Sie haben darauf verzichtet, alles zu wissen, was es zum Thema zu wissen gibt. Vielleicht haben Sie sich auf den Rat eines Menschen verlassen, dem Sie trauen, oder Sie haben sich auf eine Vorauswahl – zum Beispiel die im Ladengeschäft oder die Geräte eines Produkttests – beschränkt. Jedenfalls haben Sie eine Entscheidung getroffen mit begrenzter Kenntnis der Fakten. Und Sie haben sich damit abgefunden, einen Teil des Wissenswerten eben nicht zu wissen. Weil nicht viel in Ihrem Leben vom Telefon abhängt, war das die richtige Entscheidung.

Anders ist die Situation natürlich, wenn Sie die zuständige Person sind, die für ein Unternehmen die Telefonanlage samt mobiler Endgeräte verantwortet. Dann ist das Thema Ihre Kernkompetenz, die Aufgabe, an der Sie gemessen werden. Dann werden Sie nicht ruhen, bis Sie alles verfügbare Wissen zum Thema gesammelt und ausgewertet haben. Eine rasche Entscheidung ist nicht das vorrangige Ziel, sondern die bestmögliche.

Vom Ziel her denken

Da war es, das wichtige Wort: Ziel. Wissensziel, Berufsziel, Lebensziel, Zielvereinbarung. Fast schon inflationär wird es verwendet. Schade eigentlich, denn es entfaltet eine große Kraft. In jeder Lebenssituation, auf jeder Hierarchiestufe. Um heute effektiv zu sein, das heißt, die richtigen Dinge zu tun, reicht es nicht aus, einfach zu tun, was schon immer getan wurde. Ob das je reichte, wage ich nicht zu beurteilen. Dieses Thema funktioniert bei der Bewältigung von Aufgaben genauso wie bei der Verarbeitung von Informationen. **Der Kernpunkt ist die Definition des Wissenszieles** (vgl. Seite 50). Was soll bei der Sache herauskommen? Wie genau muss das Ergebnis sein? Wer arbeitet mit diesen Informationen wie weiter?

Wenn Sie vorab diese Fragen beantworten, bewahrt Sie das davor, vom Hölzchen aufs Stöckchen zu kommen und sich in der Menge der Informationen zu verlieren.

Das Zeitfenster begrenzen

Ehe Sie sich auf Recherche-Tour begeben, überlegen Sie kurz, wie viel Zeit Ihnen das Ergebnis wert sein darf. Nur wenn Sie in einem Ihrer absoluten Expertenthemen unterwegs sind, sollten Sie darauf verzichten. Staffan Nöteberg empfiehlt, sich 25 Minuten auf eine Sache zu fokussieren und **sich einen Wecker zu stellen**. Die meisten Mobiltelefone haben einen eingebaut, bestimmt gibt es auch Apps für den Desktop-PC oder Sie nehmen ganz klassisch einen Küchenwecker.[17] Diese Methode ist so einfach wie wirkungsvoll. 25 Minuten mit vollem Fokus dieses Thema recherchieren – **und es damit gut sein lassen**. Das Ergebnis, das Sie jetzt haben, ist das Beste, das in der zur Verfügung stehenden Zeit erreicht werden konnte. Klar, dass es möglicherweise differenzierter gewesen wäre, wenn Sie vier Stunden investiert hätten, aber das hätte nicht der Definition Ihres Wissensziels in dieser Sache entsprochen.

Effektiv sein heißt auch loslassen

Effektivität heißt, die richtigen Dinge zu tun. Und die anderen zu lassen. Warum um alles in der Welt fällt uns das so entsetzlich schwer? Etwas sein lassen. Informationen löschen. Akten wegwerfen. »Vielleicht brauche ich das noch mal. Ich bewahre es lieber auf.« Hier kommen meine drei Leitfragen zum Aufbewahren:

Wenn ich das irgendwann in Zukunft suchen werde,

- werde ich wissen, dass ich das habe?
- werde ich wissen, wo in etwa es zu finden ist?
- werde ich es in einer angemessenen Zeit finden?

Nur wenn Sie auf **alle drei** Fragen mit einem ganz klaren Ja antworten, denken Sie weiter über das Aufbewahren nach. Wenn Sie auch nur bei einer Frage zögern, können Sie diese Information auch gleich entsorgen. Das Ergebnis bleibt dasselbe.

Richten Sie Ihren Fokus konsequent auf Ihre Kernkompetenzen. Sammeln Sie in diesen Themen alles, was für Sie wissenswert ist, und organisieren Sie dieses Wissen so, dass Sie gut und gezielt darauf zugreifen können. Werden Sie zum Experten Ihres Themas und lassen Sie sich dafür loben. Aber werden Sie nicht zum Firmen-Wiki für alles und jeden. Denn bei den Themen, die Sie nicht direkt betreffen, können und müssen Sie nicht dienen.

Effizient sein heißt auch lebenslanges Lernen

Effizienz heißt, die Dinge richtig tun. **In Deutschlands Büros gibt es momentan wenige Standards, wie Dinge getan werden.** Nur eines ist fast überall gleich: Es wird mit Microsoft Office gearbeitet. Und wirklich, es gibt hier viel zu kennen und zu wissen. Ganz praktische Dinge. Eine Auswahl stelle ich Ihnen im zweiten Teil des Buches vor. Viele alltägliche Aufgaben lassen sich erheblich schneller, einfacher und sicherer erledigen, wenn man sein Werkzeug genau kennt. Obendrein macht es mehr Spaß. Vielleicht planen Sie ein, jede Woche eine neue Funktion zu lernen. Einige Internetseiten, die hochwertige Informationen enthalten, habe ich im Anhang gelistet.

Leider oft weder effektiv noch effizient: Meetings und Besprechungen

Überflüssige, ausufernde, schlecht vorbereitete, ständig verschobene Besprechungen führen seit 30 Jahren die Hitliste der Zeitkiller an. Meetings dienen dem Informationsaustausch und der Entscheidungsfindung. So kompliziert sollte es doch nicht sein, oder? Als Prozess gestaltende Formulare biete ich Ihnen im Word-Praxisteil eine Vorlage für eine Agenda und ein Protokoll an, die klar strukturiert und übersichtlich sind. Aber das allein ist es nicht. Ich wage hier eine wilde These: Outlook ist an dieser Misere nicht unschuldig. Wahlweise auch Lotus Notes. Das Problem der ineffizienten Besprechungen war schon bekannt, als es noch keine Groupware gab. Dennoch hat es sich mit den Kalenderwerkzeugen stark verschärft. Die Kalender mancher Menschen haben kein einziges weißes Fleckchen mehr. Ich frage mich allen Ernstes: Wann tun diese Leute ihre eigentliche Arbeit? Mit dem Smartphone unter dem Tisch? Das kann nicht der Sinn der Sache sein. Wenn es zu viele Meetings gibt, können diese nicht entsprechend vor- und nachbereitet werden. Dadurch sind sie wenig effizient, dann ist ein weiteres Meeting nötig …

An welcher Schraube können wir denn drehen? Wenn ich das in die Runde frage, kommt praktisch immer ein resignierendes Schulterzucken. Keiner sieht sich in der Lage, die allseits beklagte Meetingflut einzudämmen. Kann das sein? Ausnahmsweise lasse ich diese Frage offen.

Im Praxisteil »Word« stelle ich Ihnen praktische Vorlagen für eine Agenda und ein Protokoll vor. Die grundsätzlichen Fragen stelle ich hier:

Was ist wichtig bei einer Agenda?

- **Was** – Worum geht es genau?
- **Wer** – Wer muss anwesend sein?

- **Wann** – Zeitpunkt, mit Ende
- **Wo** – Besprechungsraum

Bis hierher werden die Punkte von der gängigen Outlook-Besprechungsanfrage abgefragt. Das klappt in aller Regel sehr gut. Es gibt aber noch weitere wichtige Punkte, damit sich die Runde nicht im Kreis dreht:

- **Warum** – das ist die wichtigste Frage: Soll informiert werden oder soll die Gruppe eine Entscheidung treffen? Das muss im Vorfeld klar sein – für jeden einzelnen Tagesordnungspunkt.

Moderator, Zeitwächter und Protokollant: Diese Rollen werden häufig als überflüssig empfunden, sie sind es aber keineswegs! Die einzige Rolle, die den Inhaber nicht ganz beansprucht, ist die des Zeitwächters. Dessen Aufgabe ist, die Einhaltung des Zeitrahmens im Blick zu haben und gegebenenfalls anzumahnen. Der Moderator trägt die Verantwortung für den Prozess der Entscheidungsfindung und der Information. Er trägt nicht die Verantwortung für das Ergebnis. Daher sollte der Moderator an den zu besprechenden Themen kein eigenes Interesse haben. Der Protokollant ist »nur« für das Sichern der Inhalte und die Dokumentation zuständig.

Viele Teilnehmende haben auch im Zeitalter der digitalen Informationen im Meeting gerne eine Agenda aus Papier, weil sich dort einfach Notizen machen lassen und auch weil die ergänzenden Informationen eben nicht so gut in Outlook erfasst werden können.

Eine schlichte, aber praktische Vorlage – und wie man diese erstellt – finden Sie ab Seite 130.

Was ist wichtig bei einem Protokoll?

Hier antworte ich mit einem entschiedenen »Kommt ganz drauf an ...« – nämlich darauf, was hier protokolliert wird. Das Protokoll einer Bundestagsdebatte oder das einer Aufsichtsratssitzung will ich in diesem Buch nicht behandeln. Darüber gibt es Literatur in ausreichender Menge.[18] Wenig festgelegt sind die Protokolle der ganz alltäglichen Arbeitsmeetings von Projektgruppen und Teams. Dennoch sind diese von zentraler Bedeutung für den Informationsfluss und das Abarbeiten von Aufgaben. Die zentralen Fragen sind stets:

- **Wer macht was** bis wann mit wem?
- **Wie weit sind wir** im Moment mit welchen Aktionen?
- Wo ist eine **kritische Situation** zu erwarten?

Bei diesen Protokollen ist die formale Gestaltung nicht sehr wichtig. Wichtig hingegen ist, dass es schnell und unkompliziert zu erstellen ist und dass die wichtigsten Informationen wirklich mit einem Blick zu erfassen sind. Daher setze ich auf farbige Symbole. Wie das auch mit mittleren Word-Kenntnissen zu realisieren ist, zeige ich ab Seite 133.

Registerwort und Beschlussregister

In meinem Beispiel für ein Protokoll gibt es eine ungewöhnliche Spalte: *Registerwort bei Beschluss*. Was soll das sein? Meine Beobachtung ist folgende: Protokolle werden in der Regel nach Gremium und Datum der Durchführung abgelegt. Aber im seltensten Fall sucht jemand das Protokoll der Abteilungsleitersitzung vom November 2014 – vielmehr steht eine Frage im Raum wie zum Beispiel: »Wer hat eigentlich wann beschlossen, das Projekt Beta an Wiesmüller abzugeben?« Dann geht die Sucherei los.

Mein einfacher, aber funktionierender Vorschlag: Führen Sie ein Beschlussregister. Das ist eine einfache Excel-Tabelle mit den Spalten:

Datum | Gremium | Thema | Beschluss | Registerwort[19]

Bei jedem Protokollschreiben geben Sie jedem Beschluss ein Stichwort: das Registerwort. In unserem Fall wären das zwei: *Beta* und *Wiesmüller*. Ist das Protokoll fertig, werden die Registerworte in die Excel-Tabelle übertragen.

Statt alle möglichen Protokolle nach Informationen abzusuchen, könnten Sie mit in einer einfachen Suche (STRG + F) innerhalb der Excel-Datei finden, wann wer in welcher Sitzung welchen Beschluss gefasst hat.

Der große Nutzen eines Beschlussregisters erschließt sich mit der Zeit – besonders dann, wenn eine Person, die immer alles im Kopf hatte, das Unternehmen verlässt. Dann gibt es noch eine zentrale Stelle, an der alle Gremienbeschlüsse zusammengeführt wurden.

Begleiten Sie sich freundlich durch den Tag

Bisher ging es um praktische Dinge aus der EDV-Anwendungstechnik, Kommunikationswege und Organisationswissen. Das alles ist zweifelsohne wichtig für das Überleben in der Informationsflut. Es gibt aber noch einen weiteren Aspekt, den Sie betrachten sollten, wenn Sie kraftvoll unterwegs sein wollen im Büroalltag. Kennen Sie sich selbst? Wissen Sie genau, was Sie stresst und wie Sie Anspannung wieder abbauen können? Sind Sie sich selbst ein guter Freund oder eine gute Freundin? Wenn wir uns auf die Suche begeben nach den Auslösern von Stress, sind wir recht schnell bei den Themen rund um die eigene Anspruchshaltung angekommen.

Ansprüche und Erwartungen werden vielerlei an uns herangetragen. **Aber noch mehr entstehen Ansprüche und Erwartungen zwischen unseren beiden Ohren.** Das ist als breites Phänomen auch recht neu. Noch in der letzten Generation gab es sehr viel weniger Wahlmöglichkeiten, was die Berufstätigkeit und die allgemeinen Lebensaufgaben anging. Vieles war durch die Gesellschaft und durch das Elternhaus vorgegeben. Keineswegs nur für Frauen. Auch von den Männern wurde sehr oft erwartet, den Beruf des Vaters zu übernehmen. Die Aufgabenverteilung in der Familie war bis 1974 (!) in Deutschland gesetzlich geregelt.

Auch in der Berufswelt waren die Ansprüche und die damit verbundenen Erwartungen an die Qualität klar eingegrenzt. Die Unsicherheit, die unser heutiges Berufsleben prägt, ist ein ziemlich neues Phänomen. Jan Fischbach schreibt: »**Projektarbeit bedeutet Ergebnisse unter Unsicherheit liefern.**«[20] Ich ergänze: Das ist nicht nur bei Projektarbeit so. In einer Zeit, in der es unmöglich ist, alle Informationen zu haben und alle Eventualitäten zu berücksichtigen, muss jede und jeder zu einem definierten Zeitpunkt die Aufgabe als gut genug definieren und abliefern. Das ist nicht neu. Goethe wird folgendes Zitat zugeschrieben:

So eine Arbeit wird eigentlich nie fertig. Man muss sie für fertig erklären, wenn man nach Zeit und Umständen das Mögliche getan hat.

Nur Ihr »inneres Team« weiß Bescheid …

… dass es ja noch so viel gibt, was vielleicht noch besser oder genauer gegangen wäre. Kennen Sie den Begriff des »inneren Teams«? Friedemann Schulz von Thun hat ihn geprägt.[21] Es ist Ihr innerer Perfektionist, der sich hier zu Wort meldet und Ihnen das Geleistete miesreden möchte. Dazu brauchen Sie gar kein äußeres Gegenüber, das das Wort ergreift – **Ihre Chefin oder Ihr Chef oder auch Ihr kritischster Kunde könnte noch in die Lehre gehen bei Ihrem inneren Perfektionisten!**

Es ist gut, dass es ihn gibt, denn er bringt uns zu guten Leistungen. Aber er hat auch wirklich viel zu tun heutzutage! Vielleicht ist Ihr innerer Perfektionist die lauteste Stimme Ihres Teams? Wie gehen Sie denn als wirklicher Projektleiter vor, wenn ein Teammitglied die anderen regelmäßig übertönt?

Wahrscheinlich nehmen Sie die anderen Teammitglieder besonders in den Blick, entziehen dem »lautesten« Mitglied die Aufmerksamkeit und bringen den Beiträgen der anderen besondere Wertschätzung entgegen.

Genau dasselbe funktioniert auch im inneren Team. Zunächst einmal sollten Sie Ihre Teammitglieder kennenlernen. Den Perfektionisten kennen Sie ja schon. Nicht alle Menschen haben die gleichen Mitglieder in ihrem inneren Team. Ich stelle Ihnen hier einige vor, schauen Sie einmal, wer davon Ihnen bekannt vorkommt (der schreiberischen Einfachheit wegen sind hier alle Personen männlich – das ist keineswegs eine Vorgabe. Ihr inneres Team kann gemischtgeschlechtlich sein, oder alle haben dasselbe Geschlecht wie Sie selbst).

- **Der Hilfsbereite:** »Ja, das mache ich gerne für dich« ist sein Lieblingssatz.

- **Der Auf-sich-selbst-Bedachte:** »Will ich das, was kostet mich das?« ist sein erster Gedanke.

- **Der Erfolgssucher:** Ist eng verwandt mit seinem Vorgänger, strebt aber immer nach dem Vorwärtskommen, gesehen und honoriert werden.

- **Die Rampensau:** Fühlt sich am wohlsten, wenn sie vorne steht und alle Blicke auf sich spürt.

- **Der Ängstliche:** »Oh, da kann aber viel schiefgehen! Ob ich das kann?« So klingt die Stimme des Ängstlichen.

- **Der Mitfühlende:** Hat den Blick immer viel mehr auf dem Gegenüber als auf sich selbst.

- **Der Harmoniesuchende:** Kann Konflikte sehr schwer aushalten. Nimmt sich im Zweifelsfall lieber zurück.

Welches sind Ihre Teammitglieder? Es sind je nach Situation, in der Sie sich befinden, immer wieder andere. **Um mit dem inneren Team zu arbeiten, ist es am besten, das aufzuzeichnen und den Stimmen auch Gesicht, Raum und Gehör zu geben.** Diese Technik kann in vielen Kontexten angewendet werden. Falls Sie damit arbeiten möchten, empfehle ich das Buch von Friedemann Schulz von Thun zu lesen.

Für mein Thema hier müssen wir allerdings nicht ganz so tief einsteigen. **Der Perfektionist braucht dringend einen Gegenspieler.** Die Freundin oder den Freund. **Laden Sie den Freund ganz bewusst in Ihr Team ein.** Die Aufgabe des Freundes ist es, den Perfektionisten zu kontrollieren. Dessen Genörgel immer wieder auf Verhältnismäßigkeit zu prüfen und den Blick auf das Geleistete und Gelungene zu richten.

Erfolge und Meilensteine feiern

Ist es vielleicht besonders deutsch? Dass man den Erfolg, eines in der Zeit abgeschlossenen Projekts, für den Normalzustand hält? Wenn etwas gelungen ist, abgeschlossen wurde, ein wichtiger Kunde unterschrieben hat, sieht und hört man das kaum auf den Bürofluren. Praktisch übergangslos widmet man sich der nächsten Aufgabe. Aber wehe, irgendetwas ging schief. Dann laufen die E-Mail-Postfächer heiß und der Flurfunk ist ausgelastet.

Ich möchte hier anregen, Gelungenes in Ihrem Bereich sichtbar zu machen. Der Fantasie sind keine Grenzen gesetzt. Ein Plakat am zentralen Whiteboard, ein Wanderpokal, eine Tüte Muffins … **Beglückwünschen Sie sich und andere im Team zu gelungenen Aktionen.** Das kostet fast nichts, steigert aber die Motivation im Team mehr und nachhaltiger als Geld.

»Von einem guten Lob kann ich 14 Tage leben.«

Loben Sie gezielt und konkret, wenn jemand etwas für Sie getan hat, was über dessen normalen Aufgabenbereich hinausgeht. Verteilen Sie Anerkennung niemals mit der Gießkanne (einmal in der Woche jeden Mitarbeiter loben oder so ähnlich – das geht nach hinten los).

Ebenso dürfen Sie auch sich selbst loben und Ihre Leistung benennen. Das ist wirklich wichtig. Denn Ihre Kollegen und Führungskräfte sehen es je nach Aufgabenstellung nicht, ob eine Sache im Grunde eine entspannte Routineaufgabe ist oder ob Sie hier souverän die berühmte Kuh vom Eis geholt haben.

Energiespitzen nutzen

Das Wort »Biorhythmus« hört man kaum noch, aber die Sache ist noch immer wichtig: Wir sind nicht den ganzen Tag gleichermaßen leistungsfähig und bei mentalen Kräften. Der Biorhythmus beeinflusst unsere Leistungsfähigkeit. Die meisten Menschen sind Morgentypen, das heißt, die Phase der höchsten Energie ist am Vormittag, der Tiefpunkt ist kurz nach der Mittagspause. Egal ob Sie der typische Morgentyp sind oder ob Ihre innere Uhr anders geht: Gehen Sie aktiv mit diesem Wissen um. Die Hochenergiephasen benötigen Sie für anstrengende Aufgaben und Meetings, bei denen Sie voll konzentriert sein müssen. Routineaufgaben, die wenig komplex sind, und auch Routinebesprechungen legen Sie vorzugsweise in die Niedrigenergiephase.

Verteidigen Sie Ihre besten Arbeitszeiten vor Überlastung durch Kleinkram. Bauen Sie mindestens einmal in der Woche an immer dem gleichen Wochentag einen Zeitblocker von zwei bis drei Stunden als Serientermin in Ihren Kalender ein, um in dieser Zeit Aufgaben zu erledigen, die Ihre volle Konzentration erfordern. Lassen Sie sich in dieser Zeit möglichst nicht stören, schließen Sie Ihr

E-Mail-Postfach und schalten Sie das Telefon auf Anrufbeantworter. Ihr Umfeld wird sich daran gewöhnen, wenn das immer zur selben Zeit stattfindet. An einem Arbeitsplatz, an dem die Erreichbarkeit ein sehr wichtiges Kriterium ist, können Sie das mit einem Kollegen oder einer Kollegin gemeinsam realisieren. Vertreten Sie sich einmal in der Woche gegenseitig und schützen Sie so Ihre stillen Stunden.

Agil im Team

T – Toll
E – ein
A – anderer
M – macht's

Dieses Wort als Akronym zu lesen, ist ein Witz aus den Anfangszeiten der Arbeitsorganisation in Teams, der längst aus der Mode gekommen ist. Ohne Teamarbeit geht es heute fast nirgendwo. **Gelingende Teamarbeit braucht gute Methoden, um Aufgaben und Wissen zu teilen, zu vernetzen und auch nachzuverfolgen**. Und auch den Willen, diese anzuwenden.

»Lean« ist inzwischen hinreichend bekannt – es setzt auf flache Hierarchien und kurze Wege – »agil« ist heutzutage das Projektmanagement und neuerdings auch die Beratung. »Agil« als Wort kommt aus dem Lateinischen und heißt »flink«, »beweglich«. Zuerst verwendet wurde der Begriff in der Softwareentwicklung. Das Management muss hier schnell sein, weil der Produktlebenszyklus von Softwareprodukten häufig extrem kurz ist. Das heißt sehr wenig Bürokratie und starke Fokussierung auf schnelle, aber dennoch gute Ergebnisse. Langwierige Abstimmungsprozesse und starre Strukturen haben hier keinen Platz.

Wie aber werden dann Ergebnisse erzielt, wer hält die Fäden in der Hand? Überblick ist dringend notwendig, nicht aber das Delegieren von Teilaufgaben an einzelne Personen, während die Führungskraft alleine den Zusammenhang kennt und versteht. Es ist wichtig und nötig, dass jeder auf der ausführenden Ebene das Ziel des Gesamten kennt und Experte in seinem Thema ist. Nur so können Informationen mit dem richtigen Fokus gesammelt, ausgewertet und weiterverarbeitet werden.

So weit ist das – zumindest auf der intellektuellen Ebene – allen klar. Im Alltag allerdings ist die Umsetzung eine Herausforderung. Denn letztlich geht es immer wieder um den Informationsfluss – die Logistik der Information. Wie kommt die richtige Information im passenden Zeitfenster in der richtigen Menge und Qualität beim richtigen Menschen an? Zu viel ist ebenso ungesund wie zu wenig. Schnell muss es gehen und am besten nach dem Pull-Prinzip, um nicht den Arbeitsfluss des Informationsempfängers zu stören. Teamfähig und transparent muss es sein, denn dass jeder jederzeit vertreten werden kann, ist in unserer Zeit der engen Taktung von Terminen wesentlich. Der zweite Teil des Buches befasst sich darum mit den Möglichkeiten, die das ganz normale Office-Paket bietet, um in dieser komplexen Aufgabe einige wichtige Schritte vorwärtszugehen.

Und immer wieder: Reden muss der Mensch

Eine gute Praxis aus einem Unternehmen, in dem ich arbeitete, möchte ich hier weitergeben: das tägliche Whiteboard-Meeting der Abteilung.

Das ist ein festes, aber formloses Treffen im Stehen auf dem Flur, an einem zentralen Platz: im Büro – vor dem zentralen Whiteboard – daher der Name. Jeder ist dabei, auch Führung und Assistenzen, gern mit dem Kaffee in der Hand. Nun berichtet reihum und ganz kurz jeder und jede, was heute anliegt, was gestern besonders gut geglückt ist, wer vielleicht heute ausfällt und vertreten werden muss oder wo es gerade Schwierigkeiten gibt. Das dauert insgesamt zehn bis 20 Minuten, nicht länger. Aber danach sind alle im Bilde, was heute anliegt. Und alle sind auskunftsfähig, wenn jemand am Telefon eine Frage hat und die eigentlich zuständige Person gerade nicht am Platz ist.

4. EDV-Praxis

Microsoft Office 2013 – Microsoft Office 2010

Der gesamte Teil der EDV-Praxis behandelt Microsoft Office 2013. Momentan ist in den Unternehmen jedoch Office 2010 am weitesten verbreitet. Daher finden Sie in einem solchen Kasten immer einen Hinweis, falls die besprochene Funktion in Office 2010 anders ist.

Zeitsparmethoden in Outlook

Outlook ist mittlerweile die am häufigsten benutzte Anwendung in den Büros geworden. Beim Stichwort »Informationsflut« denken sehr viele Menschen zunächst an ihr überlaufendes E-Mail-Postfach. Im ersten Teil des Buches habe ich die eher theoretischen Aspekte und die Hintergründe beleuchtet. Jetzt wird es ganz praktisch. Ihr Programm selbst kann Ihnen das Überleben deutlich leichter machen. Es gibt eine ganze Reihe von Funktionen und Einstellungen, die Ihnen helfen, einerseits die eintreffenden relevanten Informationen zu filtern und andererseits Ihre selbst zu generierenden E-Mails schneller und sicherer zu machen. Ich stelle sie hier der Reihe nach vor.

E-Mails generieren – schnell und präzise

Seit Outlook 2007 ist Word der Standard-Editor von Outlook. Das heißt, das Schreiben einer E-Mail fühlt sich genauso an wie das Schreiben eines Word-Dokumentes. Allem voran: die gehasste und unterschätzte **AutoKorrektur**.

Die AutoKorrektur begegnet Ihnen immer dann, wenn Outlook »ganz von alleine« Änderungen Ihres getippten Textes macht. Schreiben Sie beispielsweise etwas vom »1. Vorsitzenden«, wird sich die automatische Nummerierung einschalten und Sie sehen entweder das Symbol für die AutoKorrektur oder zumindest ein flaches blaues Rechteck unter der korrigierten Stelle. Klicken Sie darauf und entscheiden Sie, was passieren soll. *Rückgängig* meint: Dieses eine Mal ist diese Korrektur nicht richtig, bitte zurückändern; *deaktivieren* bedeutet: Mach das nie wieder! Wenn Sie *AutoFormat Optionen steuern* anwählen, kommen Sie in ein Dialogfenster, das Ihnen anzeigt, was genau geändert wird. Es gibt AutoFormat – das kümmert sich um Formatierungen wie Einzüge und zum Beispiel auch die Schreibweise von 1/2 als Bruch: ½. Außerdem gibt es die AutoKorrektur von Wörtern. Genauer stelle ich Ihnen diese Funktion bei Word ab Seite 120 vor.

Schnellbausteine

Endlich: Die aus Word schon seit Langem bekannten Textbausteine oder AutoTexte sind jetzt auch in Outlook verfügbar. Outlook hat einen etwas anderen Speicherort als Word. Zwar ist die Funktion in beiden Anwendungen genau gleich, die Bausteine sind aber nicht dieselben. Legen Sie am besten in beiden Anwendungen benötigte Schnellbausteine doppelt an. Ja, man kann das im Hintergrund verknüpfen. Markus Hahner (Markus Hahner, 2013) erklärt auch, wie das geht.

Schnellbausteine benutzen Sie dann, wenn Sie einen Textblock oder auch Text mit Grafik immer wieder in gleicher Art benötigen. Im Grunde lässt sich alles, was sich markieren lässt, als Schnellbaustein ablegen.

Markieren Sie den Bereich, der ein Schnellbaustein werden soll, klicken Sie auf *Einfügen – Schnellbausteine – Auswahl im Schnellbaustein-Katalog speichern.*

Abbildung 22: Schnellbaustein speichern in Outlook

Vergeben Sie einen Namen für den Baustein, der mindestens vier Zeichen lang ist. Dann erhalten Sie bei der Eingabe dieses Namens einen *Quick-Tipp*. Sie kennen das, wenn Sie »Frei« schreiben, können Sie per Enter-Taste »Freitag« erhalten (wer die Wochentags- und Monatsnamen da hinterlegt hat und warum, entzieht sich meiner Kenntnis).

Natürlicher erhalten Sie beim Klick auf *Einfügen – Schnellbausteine* auch einen Überblick über die bereits angelegten Bausteine und können direkt wählen.

Schnelle Variante für Tastenfans

Erstellen: Markieren, ALT + F3, Namen vergeben, bestätigen.

Aufrufen: Namen tippen, F3

QuickSteps

Die QuickSteps kamen neu in Outlook 2010. Ich halte sie für phänomenal gut! Allerdings: Kaum jemand benutzt sie. Warum bloß? Ich weiß es nicht, vermute aber, es liegt daran, dass man ihnen ihre Potenz nicht ansieht. Alle Routinetätigkeiten können per QuickStep mit einem oder zwei Mausklicks erledigt werden. Mit einem QuickStep erstellen Sie ein Mini-Makro, legen also verschiedene Schritte fest, die nacheinander ablaufen werden, sobald der QuickStep gestartet wird. Die voreingestellten Beispiele taugen leider nicht besonders, um die Macht dieses Werkzeuges zu zeigen.

Wenn Sie Bewerbungen per E-Mail erhalten, sollte man dem Absender eine freundliche E-Mail schreiben, dass die Bewerbung eingetroffen ist, man sich darüber freut, die Bearbeitung jedoch Zeit braucht und so weiter. Außerdem soll die Bewerbung weitergeleitet werden an Petra Müller, und außerdem soll sie eine Nachverfolgungskennung für Sie selbst erhalten und in den Ordner »Bewerbungen« abgelegt werden. Alle diese Schritte lassen sich mit einem einzigen QuickStep erledigen. Einmal nachdenken – lange profitieren.

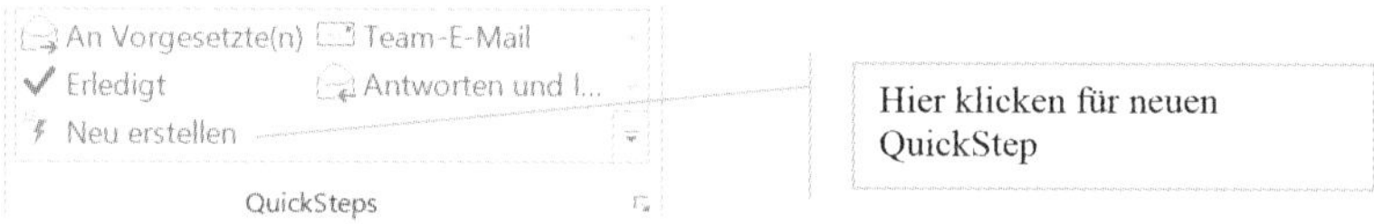

Abbildung 23: Neuen QuickStep erstellen

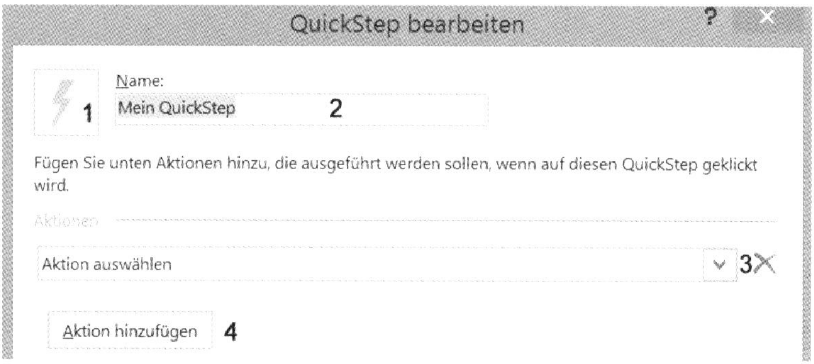

Abbildung 24: QuickStep definieren

(1) Wählen Sie mit einem Klick ein passendes Symbol aus.

(2) Geben Sie einen aussagekräftigen Namen ein.

(3) Wählen Sie die erste Aktion aus – in unserem Fall: *Antworten.*

(4) Mit der Schaltfläche *Aktion hinzufügen* wählen Sie weitere Aktionen – in unserem Fall *Weiterleiten.*

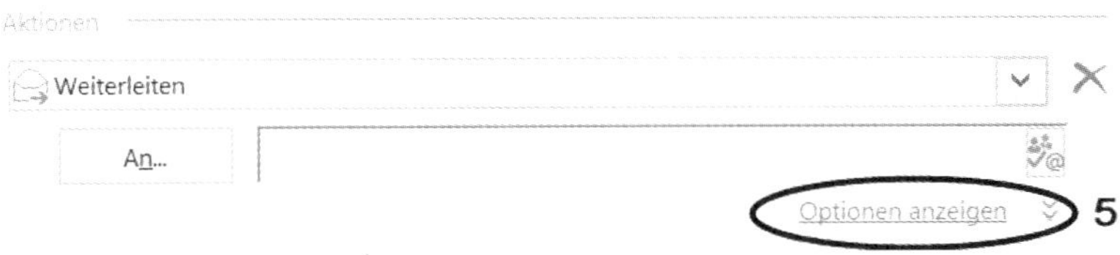

Abbildung 25: Optionen anzeigen

(5) Diese *Optionen* sind der wichtige Eingang zu Textvorgaben. Leider übersieht man dies leicht.

Im nun folgenden Fenster haben Sie alle Möglichkeiten, einen QuickStep zu bearbeiten:

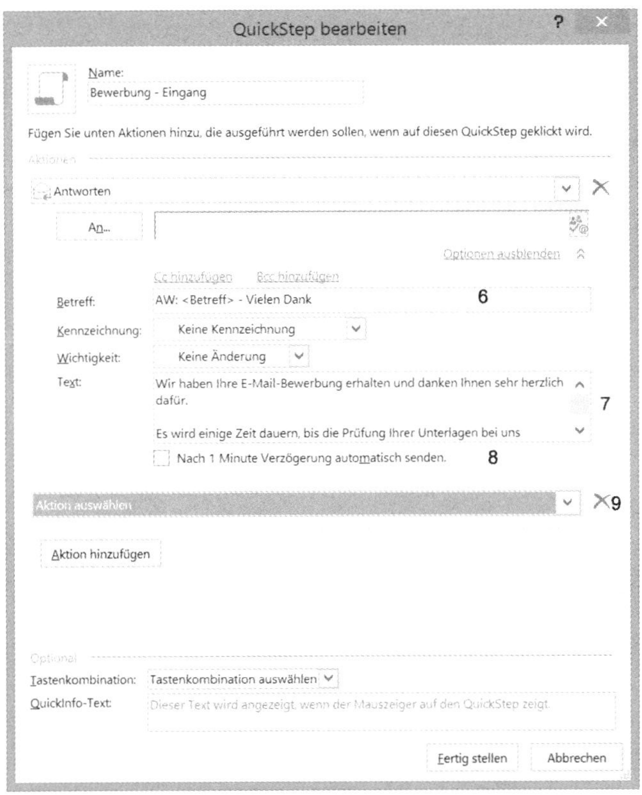

Abbildung 26: QuickStep voll ausgefüllt

(6) Die Vorgabe AW: *Betreff* bedeutet, dass die Antwort denselben Betreff hat wie die eingegangene E-Mail – das ganz normale Verhalten also. Das können Sie ändern oder ergänzen.

(7) Hier ist der Platz für Ihren Vorgabetext.

(8) Wenn Sie dieses Kontrollkästchen aktivieren, geht die E-Mail sofort in den Postausgang. Andernfalls liegt sie offen vor und muss explizit abgeschickt werden. Das ist besser, wenn die E-Mail noch einmal kontrolliert oder ergänzt werden soll – beispielsweise mit dem Namen des Empfängers.

(9) Hier können Sie weitere Aktionen auswählen oder auch diese löschen.

Vorlagen in Outlook

Schnellbausteine sind einfach ein Stück Text, der auch formatiert sein kann. QuickSteps können Abläufe abbilden, der Vorgabetext kann nur unformatiert gespeichert werden. Und außerdem gibt es noch Vorlagen. Hier können Sie eine komplette E-Mail – auch mit Anlagen – fertig vorbereitet ablegen. Zum Beispiel gibt es für Lieferanten, die mit Ihnen zusammenarbeiten wollen, ein bestimmtes Formular auszufüllen. Wenn sich jemand als Lieferant bewirbt, bekommt dieser per E-Mail das Leerformular, vielleicht auch noch die Rahmenbedingungen als Anlage und einen freundlich-verbindlichen Anschreibentext. Wenn Sie dieses Formular häufiger an Lieferanten versenden, lohnt es sich, eine nicht adressierte Vorlage dieser E-Mail mitsamt den Anlagen zu erstellen und vorzuhalten. Es kann auch einen gemeinsamen Vorlagenpool für das ganze Team geben.

1. Schritt: Vorlage erstellen und speichern

Erstellen Sie die E-Mail unpersonalisiert – also als neutrale Vorlage – und speichern Sie sie über *DATEI – Speichern unter* in einen Laufwerksordner ab. Wenn Sie im Team dieselben Vorlagen verwenden wollen, richten Sie den Vorlagenordner im Teamlaufwerk ein. Der Dateityp ist *.oft*

2. Schritt: Verknüpfungsgruppe erstellen

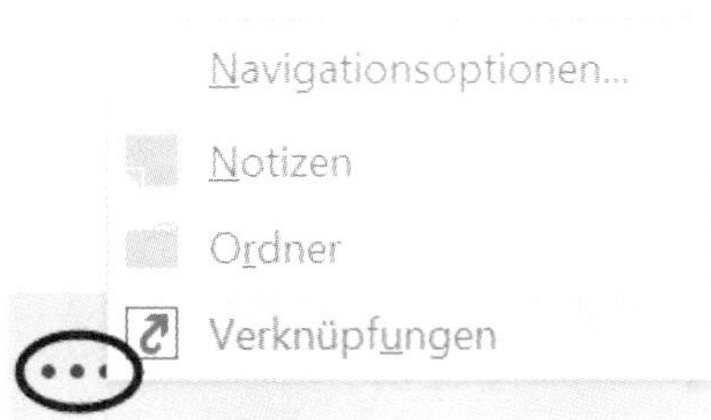

Abbildung 27: Weg zur Verknüpfungsleiste

Klicken Sie in der Outlook-Leiste unten neben den Aufgaben auf die drei Punkte, dann wählen Sie Verknüpfungen aus. Es erscheint die Navigationsleiste *Verknüpfungen.*

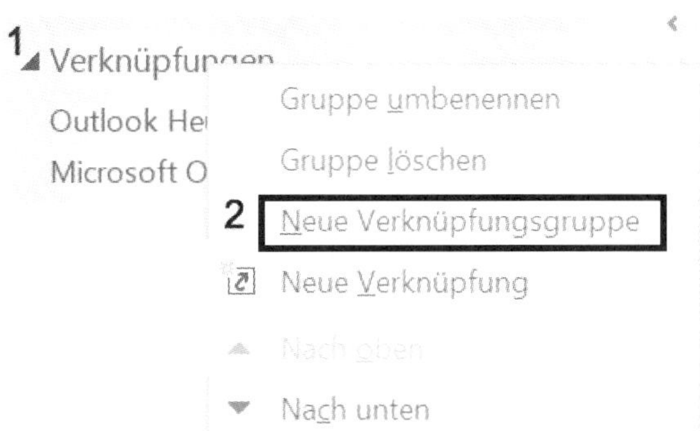

Abbildung 28: Neue Verknüpfungsgruppe erstellen

(1) Klicken Sie mit der rechten Maustaste auf den Eintrag *Verknüpfungen.*

(2) Wählen Sie im Kontextmenü *Neue Verknüpfungsgruppe* und nennen Sie diese *Vorlagen.*

3. Schritt: Ordner vom Explorer nach Outlook verknüpfen

Das geht so leicht, dass man nicht darauf kommen kann:

Öffnen Sie das Explorer-Fenster mit dem vorher angelegten Ordner neben Ihrem Outlook-Fenster.

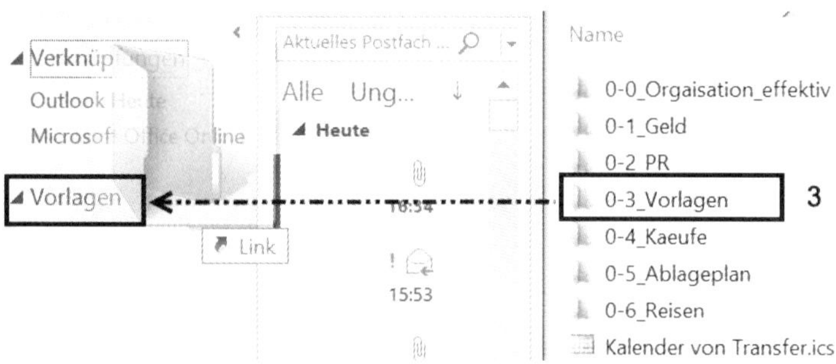

Abbildung 29: Dateiordner vom Explorer auf Verknüpfungsleiste bringen

(3) Ziehen Sie den Ordner mit gehaltener linker Maustaste auf die Verknüpfungsgruppe. Die Verknüpfung ist erstellt.

Nun können Sie über diese Leiste direkt auf Ihre auf dem Laufwerk abgelegten Vorlagenmails zugreifen. Leider kann man so nicht ablegen.

Outlook-Ideen für Fortgeschrittene

Kanban im Posteingang

Weiter vorne hatte ich eine Lösungsmöglichkeit für die Aktivitätenüberwachung direkt im Posteingang mit Kategorien angekündigt. Hier ist sie:

Die Idee kommt vom Kanban-Board aus Kaizen. Es geht darum, alle E-Mails, die aktuell in Bearbeitung sind, in ihrem jeweiligen Status im Blick zu haben. Die Werkzeuge hier sind die Kategorieliste und die Ansichtseinstellung »Gruppiert nach Kategorien«.

Achtung: Die sinnvolle Anwendung dieses Tipps setzt voraus, dass Sie Outlook in der Desktopversion verwenden und bisher keine Kategorien für E-Mails einsetzen. Die Kategorien werden von den meisten mobilen Anwendungen (auf Smartphone oder Tablet) leider nicht übernommen.

1. Schritt: Richten Sie sich die Kategorien mit den von Ihnen gewünschten Bearbeitungsstufen ein. Mein Vorschlag hier ist keineswegs bindend. Ich stelle einen Hashtag (Raute: #) voran, dadurch stehen diese Kategorien in der Liste ganz oben und sind außerdem beisammen.

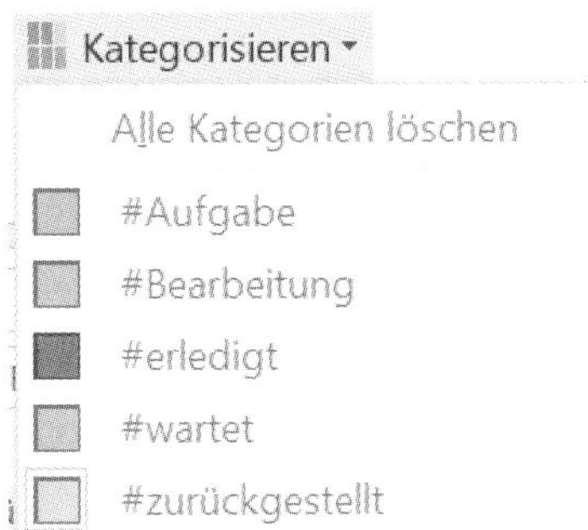

Abbildung 30: Kategorien gruppiert mit Hashtag

#Aufgabe ist die erste Stufe, das heißt, das ist die Kategorie, die eine E-Mail bekommt, wenn ich denke: »Darum muss ich mich kümmern.« Deshalb ist es sinnvoll, *#Aufgabe* als Schnellklick zu definieren. Das heißt, diese Kategorie kann mit einem einfachen Linksklick in der Kategoriespalte zugewiesen werden. Hat die Aufgabe einen festen Termin, kann sie zusätzlich mit einem Kennzeichnungsfähnchen am rechten Rand terminiert werden.

2. Schritt: Sortieren Sie nun alle E-Mails in Ihrem Posteingang nach Kategorie durch einen Klick auf den Spaltenkopf »Kategorie«. Mit einem zweiten Klick an derselben Stelle erreichen Sie, dass die kategorisierten E-Mails oben stehen, gefolgt von den nicht-kategorisierten. Dort kommen jetzt alle neuen E-Mails an.

3. Schritt: Wenn eine E-Mail mit der Kategorie *#Bearbeitung* erledigt wurde, können Sie diese einfach per Drag-and-Drop in die nächste Kategoriegruppe verschieben. Dadurch wird automatisch die Kategorie gewechselt. Die Pfeilspur zeigt den Weg.

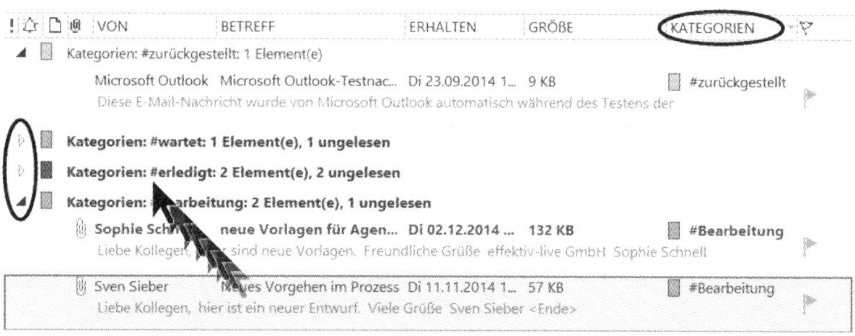

Abbildung 31: Kategorie ändern durch Ziehen in die Kategoriegruppe

Für die bessere Übersicht können Sie ganz am linken Rand an den kleinen Dreiecken jede Kategoriegruppe minimieren oder erweitern.

4. Schritt: Am Abend, als letzte Aktion des Tages, gehen Sie die Gruppe *#erledigt* durch. Verschieben Sie in die Ablage, was aufbewahrenswert ist, und löschen Sie, was nicht mehr wichtig ist. So haben Sie am Abend auch gleich noch einen Überblick über die Dinge, die heute fertig geworden sind.

Ergebnis: Nachdem Sie eine E-Mail gelesen haben, erhält Sie gleich eine Kategorie oder wird gelöscht oder wird – falls nichts damit zu tun ist – abgelegt. So sind die unkategorisierten E-Mails in Ihrem Posteingang nur noch die ungelesenen. Muss ein Kollege Sie vertreten, sieht er schnell und unmittelbar, was in welchem Bearbeitungsstadium ist.

Teampostfach: Hier können Sie mit der gleichen Technik auch Kategorien wie »@Anna« oder »@Paul« machen und sich so die E-Mails zuteilen.

Gesprächsnotiz in einer E-Mail-Korrespondenz

Man hat ein Thema in einer E-Mail-Korrespondenz in vielen Facetten erörtert, aber dann greift man doch zum Hörer, um einen Knopf dranzumachen. Manches geht eben mündlich doch besser. Wo aber lässt man die Gesprächsnotiz mit dem doch relevanten Ergebnis? Sucht nach einiger Zeit ein Teamkollege nach der Korrespondenz, wird er diese Information im E-Mail-Verkehr ja nicht finden, oder?

Manche helfen sich, indem sie sich eine E-Mail an sich selbst schreiben, aber das ist ein Notbehelf, weil eine Suche nach dem Absender (in diesem Fall der Gesprächspartner) ergebnislos bliebe.

Am besten wäre, man schriebe es direkt in die letzte E-Mail der Unterhaltung. Es sollte außerdem sofort als eigene Notiz kenntlich sein. Das ist aber recht umständlich, und geht das überhaupt? Kann man in eine empfangene E-Mail einfach so hineinschreiben?

Ja, man kann, wenn man einige Schritte tut. Ich finde es wichtig, dass die Gesprächsnotiz als solche sehr deutlich erkennbar ist, und am besten – besonders im Teampostfach – auch vermerkt ist, wer das Gespräch geführt hat. Mit ein klein bisschen einmaligem Aufwand steht diese praktische Funktion zur Verfügung.

Schritte zur Gesprächsnotiz:

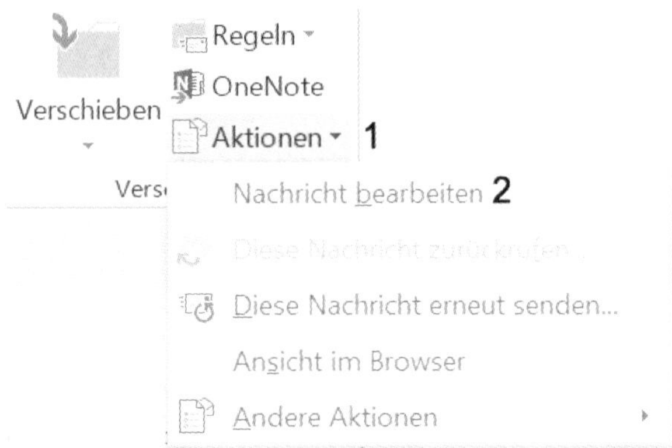

Abbildung 32: »Nachricht bearbeiten« in die Symbolleiste für den Schnellzugriff holen

(1) Gehen Sie dazu in das Menüband einer empfangenen E-Mail. Dort klicken Sie auf *Aktionen* und dann …

(2) … mit der rechten Maustaste auf den Eintrag *Nachricht bearbeiten*. Wählen Sie dann *Nachricht zur Symbolleiste für den Schnellzugriff hinzufügen*. Es gibt kein eigenes Symbol für diese Funktion, daher wird sie als grüner Punkt dargestellt.

Erstellen Sie nun in einer neuen E-Mail eine passende Vorlage als Tabelle, zum Beispiel so:

3

Gesprächsnotiz von Petra Poch			
Datum	Gesprächspartner	Thema	Ergebnis

Abbildung 33: Vorlage für eine Gesprächsnotiz

(3) Klicken Sie auf den Verschiebepunkt der Tabelle und markieren Sie diese damit.

Zum Speichern der Schnelltabelle gehen Sie folgende Schritte:

Abbildung 34: Schnelltabelle speichern

(4) Menüband *EINFÜGEN – Tabelle – Schnelltabellen* auswählen. Es öffnet sich dann nach rechts *Auswahl im Schnelltabellen-Katalog speichern*. Dieses anklicken.

Danach öffnet sich das Dialogfenster zum Abspeichern der Schnelltabelle:

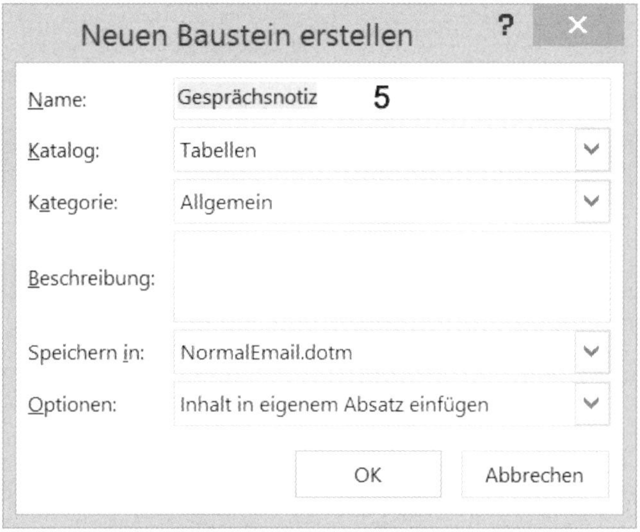

Abbildung 35: Gesprächsnotiz als neuer Baustein

(5) Prüfen Sie den vorgeschlagenen Namen und bestätigen Sie mit *OK*.

Zuletzt sollten Sie auch die Schnelltabellen für den Schnellzugriff einrichten.

Nehmen Sie dazu die E-Mail, auf der Sie schon »Nachrichten bearbeiten« aktiviert haben. Gehen Sie dann den Weg zu den Schnelltabellen (4) und klicken Sie rechts: Wählen Sie *Zur Symbolleiste für den Schnellzugriff hinzufügen*.

So sieht das Ergebnis aus:

Klicken Sie in einer empfangenen E-Mail, der Sie eine Gesprächsnotiz hinzufügen wollen, zuerst auf den grünen Punkt, um das Bearbeiten zu aktivieren, danach auf die Schnelltabellen.

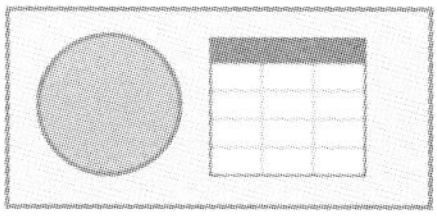

Abbildung 36: Neue Funktionen in der Symbolleiste für den Schnellzugriff

Wählen Sie dort Ihre Gesprächsnotiz. Sofort steht diese zur Verfügung.

5. Word – Arbeiten im Team

Gemeinsam an einem Dokument arbeiten – Änderungen nachverfolgen

Viel E-Mail-Verkehr entsteht, weil Kolleginnen und Kollegen einander Word-Dokumente zur Überarbeitung oder Ergänzung schicken.[22]

Dieser Beitrag zur E-Mail-Flut lässt sich komplett vermeiden, wenn das zu bearbeitende Dokument an einem gemeinsamen Ort abgelegt wird und dort mit allen Überarbeitungen gekennzeichnet wird.

Mit mehreren Personen an einem Word-Dokument arbeiten – dabei genau sehen können, wer was wann bearbeitet hat – die Funktion »Änderungen nachverfolgen« macht das hervorragend. Das gemeinsame Erstellen, Korrigieren und Redigieren ist sehr viel besser damit zu organisieren als durch das Hin- und Hersenden von Dokumenten per E-Mail. Denn dadurch entstehen viele verschiedene Versionen desselben Textes, die dann in sehr mühevoller und fehleranfälliger Kleinarbeit zusammengeführt werden müssen. In manchen Teams ist diese Funktion Alltagsgegenstand. Wenn Ihr Team dazugehört, blättern Sie einfach weiter – dann gibt es für Sie hier kaum Neues zu lesen. Wenn Sie die Funktion aber nicht recht kennen – oder ihr nicht über den Weg trauen – dann lesen Sie weiter.[23]

Funktion aktivieren

Abbildung 37: Aktivieren der Funktion »Änderungen nachverfolgen«

(1) Klicken Sie auf die Registerkarte *ÜBERPRÜFEN.*
(2) Klicken Sie auf die obere Hälfte von *ÄNDERUNGEN NACHVERFOLGEN* – die Schaltfläche erscheint dann hellblau, das bedeutet, dass die Funktion aktiv ist.

Von nun an werden alle Änderungen, die Sie an dem Dokument vornehmen, gekennzeichnet.

Das bleibt so, bis die Funktion wieder deaktiviert wird. Tastenkombination zum Aktivieren und auch Deaktivieren: Strg + Shift + e

(3) In diesem Drop-down-Menü können Sie die Art wählen, in der die Markups angezeigt werden sollen. **Bitte beachten: Hier wird nichts am Dokument verändert, lediglich die Art, wie es dargestellt wird!**

Abbildung 38: Ansichtsauswahl für Markups

(4) **Einfaches Markup:** Die Änderungen werden mit einem roten Streifen an der Seite gekennzeichnet.

(5) **Markup: alle:** Alle Änderungen werden in einem extra Seitenstreifen detailliert dargestellt.

(6) **Markup: keine:** Es werden keine Änderungen dargestellt – aber die Änderungen werden dennoch nachverfolgt – das heißt, Sie arbeiten in »ganz normaler« Ansicht und können sich die Änderungen jederzeit anzeigen lassen.

(7) **Original:** Hier können Sie sehen, wie das Dokument vor der Überarbeitung aussah.

Word 2010:

Die Schaltfläche ist gelb, die Einträge im Drop-down-Menü (Abbildung 38 Ansichtsauswahl für Markups) sind etwas anders formuliert und anders angeordnet. Die Funktion selbst ist jedoch genau gleich.

Änderungen annehmen oder ablehnen

Wenn Sie die Markups entfernen wollen, müssen Sie die Änderungen *annehmen* oder *ablehnen*.

Abbildung 39: Änderungen annehmen oder ablehnen

(1) Klicken Sie auf die obere Hälfte dieser Schaltfläche, um die momentan markierte Änderung anzunehmen. Öffnen Sie das Drop-down-Menü am kleinen Dreieck für detailliertere Auswahl.

(2) Lehnen Sie hier Änderungen ab. Detailliertere Auswahl ebenfalls im Drop-down-Menü.

(3) Wechseln Sie hier zur nächsten beziehungsweise letzten Änderung.

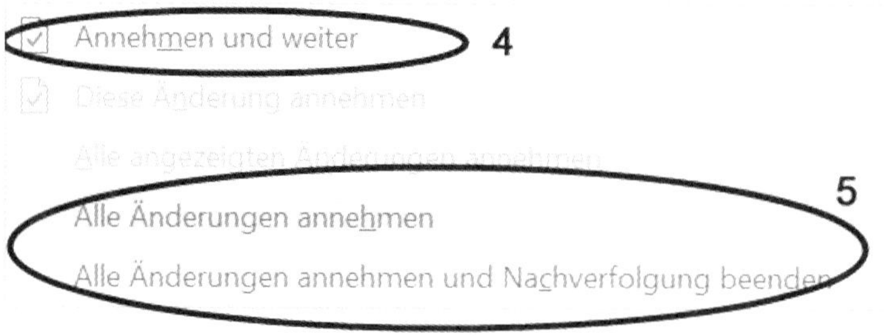

Abbildung 40: Details zur Annahme von Änderungen

(4) Diese Änderung annehmen und zur nächsten wechseln.

(5) Wenn alle Änderungen angenommen werden sollen, geht das hier in einem Rutsch. Der unterste Eintrag beendet auch gleichzeitig die Nachverfolgen-Funktion.

Änderungen nach Benutzern getrennt annehmen

Möglicherweise haben Sie den Wunsch, Petras Änderungen anzunehmen, alle anderen jedoch nicht. Das benötigt einige Schritte, lohnt sich aber bei umfangreichen Dokumenten.

Zuerst müssen Sie alle Änderungen anderer Personen ausblenden:

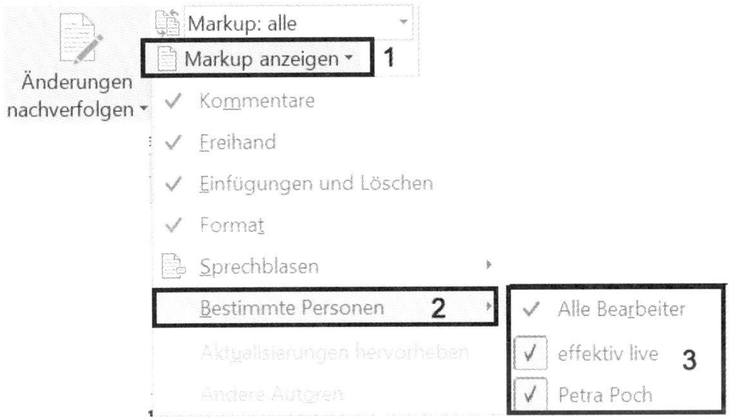

Abbildung 41: Änderungen bestimmter Personen selektieren

(1) Öffnen Sie das Drop-down-Menü *Markup anzeigen.*

(2) Fahren Sie mit der Maus auf den Eintrag *Bestimmte Personen.*

(3) Deaktivieren Sie das Kontrollkästchen vor dem Namen der Person(en), deren Änderungen Sie annehmen möchten – nur diese werden jetzt angezeigt.

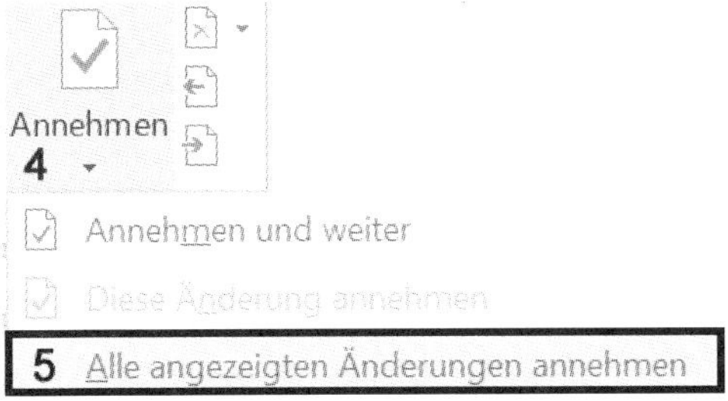

Abbildung 42: Selektierte Änderungen annehmen

(4) Klicken Sie auf *Annehmen.*

(5) Wählen Sie *Alle angezeigten Änderungen annehmen.*

Nun können Sie alle verbliebenen Änderungen ablehnen.

Kommentare erstellen und bearbeiten

Die Kommentarfunktion wird oft gemeinsam mit der Funktion *Änderungen nachverfolgen* verwendet, hängt aber nicht mit dieser zusammen.

Sie finden die Schaltflächen ebenfalls auf dem Menüband *ÜBERPRÜFEN*:

Abbildung 43: Funktionen zum Kommentar

(1) Klicken Sie hier, um einen neuen Kommentar zu erstellen. Er erscheint – versehen mit Ihrer Benutzeridentität, Datum und Uhrzeit – am rechten Rand des Dokumentes.

(2) Sollen die Kommentare gelöscht werden, können Sie mit der Schaltfläche *Löschen* wählen, ob Sie nur einen Kommentar oder alle Kommentare im Dokument löschen wollen.

(3) Mit diesen beiden Schaltflächen wechseln Sie zum nächsten oder vorherigen Kommentar.

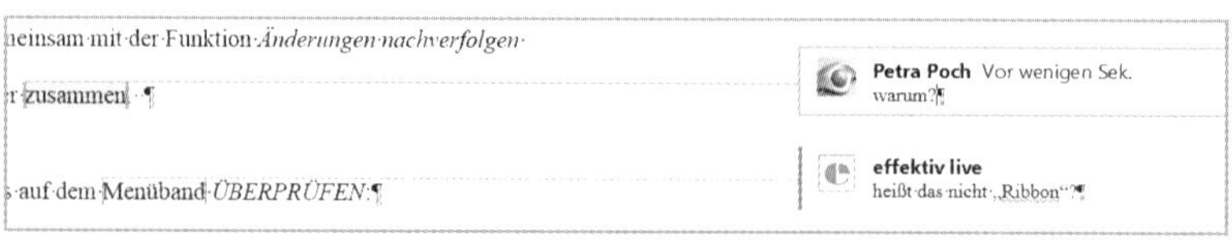

Abbildung 44: Zwei Kommentare verschiedener Benutzer

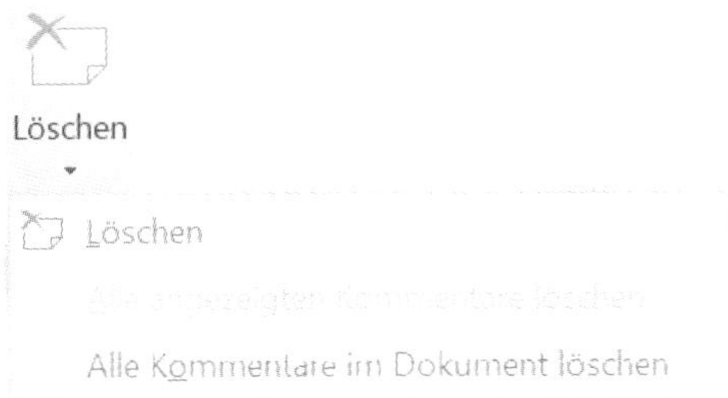

Abbildung 45: Kommentare löschen

Dokument zur Freigabe vorbereiten – Informationen entfernen

Wenn ein in Word erstelltes Dokument aus dem Haus gegeben werden soll, ist es sehr wichtig, Hintergrundinformationen und Entstehungsgeschichte – wie in den Änderungen und Kommentaren ersichtlich – wirkungsvoll zu tilgen. Nicht immer ist das Umwandeln in ein PDF-Dokument die Lösung. Word hat ein eigenes Sicherheitssystem, um das Dokument zu »putzen«.

Schritt 1: Erstellen Sie eine Kopie des Dokuments, wenn Sie für Ihre interne Dokumentation die Entstehungsgeschichte erhalten wollen.

Schritt 2: Klicken Sie auf *DATEI* und wählen Sie in der Backstage-Ansicht die Schaltfläche *Auf Probleme überprüfen* und *Dokument prüfen.*

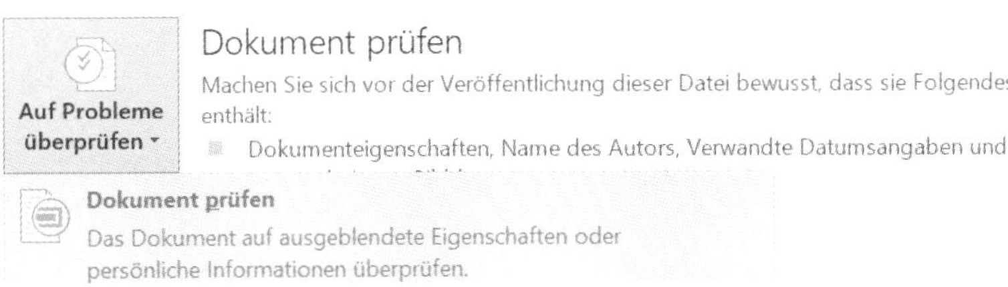

Abbildung 46: Dokument prüfen

Schritt 3: Word wird Sie auffordern, Ihr Dokument vor der Prüfung zu speichern, bestätigen Sie mit *Ja.*

Schritt 4: In der nun erscheinenden Liste sind standardmäßig alle Einträge aktiviert. In der Regel können Sie dies belassen. In unserem Beispiel geht es um die oberen beiden Einträge.

Schritt 5: Wählen Sie die zu entfernenden Elemente aus.

Abbildung 47: Gefundene Dokumentinformationen

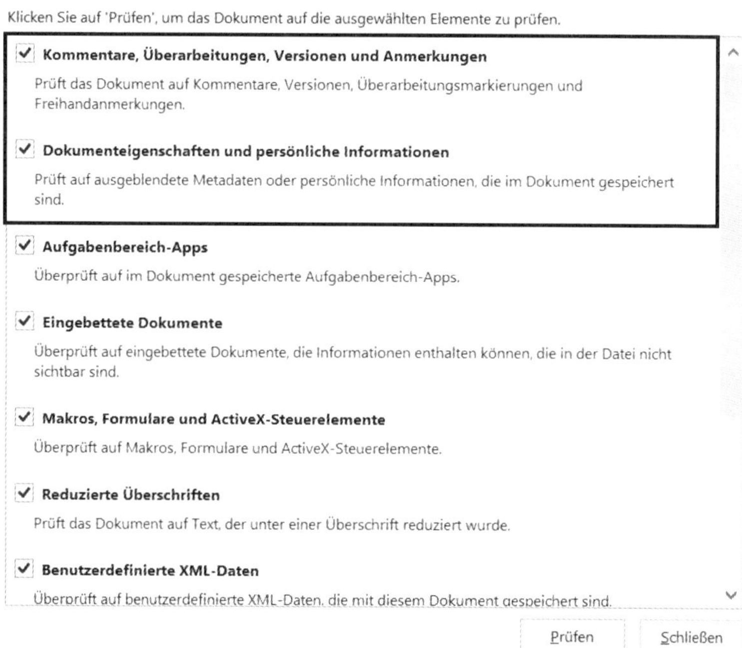

Abbildung 48: Dokumente auf persönliche Informationen prüfen

Sie erhalten nun eine genaue Liste der gefundenen Ergebnisse. Mit den Schaltflächen rechts können Sie die zu entfernenden Elemente wählen. Word speichert das Dokument danach automatisch.

Schritt 6: Starten Sie die Überprüfung mit Klick auf die Schaltfläche *Prüfen.*

Bearbeitung einschränken – Dokumentschutz anwenden

Wenn Sie Word-Dokumente zur Bearbeitung durch andere Personen freigeben, kann es sinnvoll sein, die Bearbeitungsmöglichkeiten einzuschränken. Die entsprechende Schaltfläche finden Sie auf den Menübändern *ÜBERPRÜFEN* und *ENTWICKLERTOOLS.*

Es öffnet sich der Aufgabenbereich rechts, der Ihnen unter Nummer 2 die entsprechenden Einstellungen anbietet. Aktiv wird das Dropdown-Menü durch Aktivieren des Kontrollkästchens *Nur diese Bearbeitungen im Dokument zulassen.*

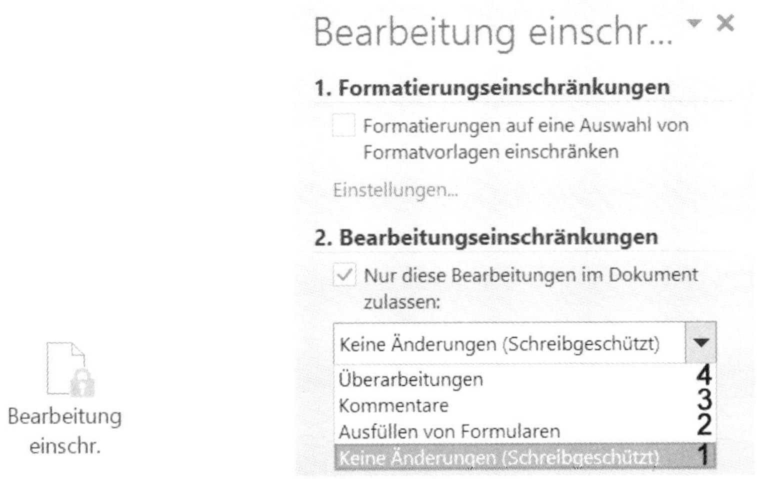

Abbildung 49: Bearbeitung einschränken

(1) *Keine Änderungen* – nur Lesen ist möglich.

(2) *Ausfüllen von Formularen* – lediglich die Formularfelder/Steuerelemente sind zur Bearbeitung frei.

(3) *Kommentare* – das Dokument selbst ist geschützt, als Einziges ist die Kommentarfunktion aktiv.

(4) *Überarbeitungen* – das Dokument kann bearbeitet werden, allerdings nur im Modus *Änderungen nachverfolgen.*

Schließen Sie Ihre Auswahl mit Klick auf die Schaltfläche *Ja, Schutz jetzt anwenden* unter Nummer 3 ab. Sie können ein Kennwort eingeben, müssen aber nicht. Wenn Sie die Felder einfach leer lassen, wird beim Aufheben der Bearbeitungseinschränkung kein Kennwort abgefragt.

Schutz aufheben

Genau an derselben Stelle wie das Aktivieren des Schutzes findet auch das Deaktivieren statt. Ist das Dokument geschützt, finden Sie im Aufgabenbereich *Bearbeitung einschränken* die Schaltfläche *Schutz aufheben.*

Word 2010

Abgesehen davon, dass die Funktion anders heißt, nämlich *Dokumentschutz anwenden*, ist sie genau gleich.

Zeitsparmethoden in Word

AutoKorrektur

Finden Sie es auch nervig, wenn Word nach Abkürzungen oder an anderen unpassenden Stellen Großbuchstaben schreibt, wo keine hingehören oder Ihnen auf andere Art und Weise »helfen« will? Seien Sie versichert: Word meint das nicht persönlich und will Sie auch nicht ärgern, aber gut gemeint ist noch lange nicht gut gemacht. Passen Sie sich die AutoKorrektur doch an, dann wird aus diesem Ärgernis ein kleiner, aber feiner Helfer.

Die AutoKorrektur zeichnet sich dadurch aus, dass sie – einmal aktiviert – immer ohne Rückfrage greift. Wünschen Sie eine Korrektur nicht, müssen Sie eingreifen: Bewegen Sie die Maus an das korrigierte Wort, dann erscheint unter dem ersten Buchstaben ein kleines, flaches Rechteck in hellblau. Klicken Sie darauf. Es erscheint das Symbol für die AutoKorrektur mit einem Drop-down-Menü.

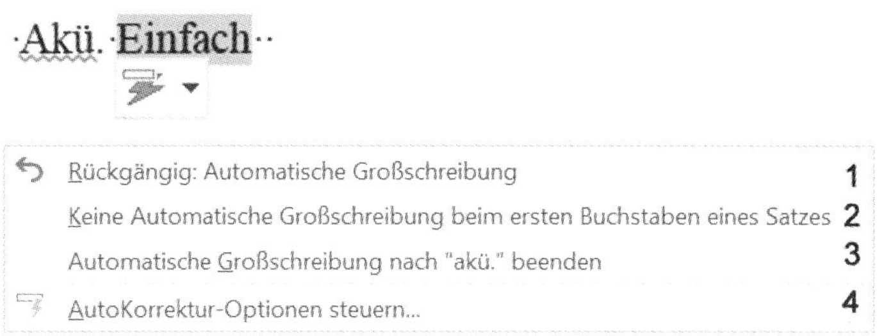

Abbildung 50: AutoKorrektur rückgängig machen oder bearbeiten

(1) Hier diese eine Korrektur zurücknehmen.

(2) Zukünftig keine Großbuchstaben nach einem Punkt automatisch setzen.

(3) Diese Korrektur zurücknehmen und »akü.« zu der **Liste der Ausnahmen** hinzufügen, nach welchen nicht mit einem Großbuchstaben weitergeschrieben wird (die automatische Großschreibung bleibt erhalten).

(4) Zum Dialogfenster der AutoKorrekturen wechseln.

AutoKorrektur-Optionen

Dieses Dialogfenster erscheint, wenn Sie (4) wählen.

In der oberen Hälfte sind die Standardvorgaben aktiviert.

(5) Hier ist die automatische Großschreibung am Satzanfang aktiv.

(6) Hier ist die AutoKorrektur von Zeichen und Wörtern aktiviert.

(7) Hier können Sie eigene AutoKorrekturen eingeben. Wenn die Liste der AutoKorrekturen Begriffe enthält, die Ihnen lästig sind – beispielsweise haben Sie eine Abteilung namens ITS und diese wird immer zu IST – dann können Sie den Eintrag auch direkt in dieser Liste löschen. Einfach anklicken und dann die Schaltfläche *Löschen* betätigen.

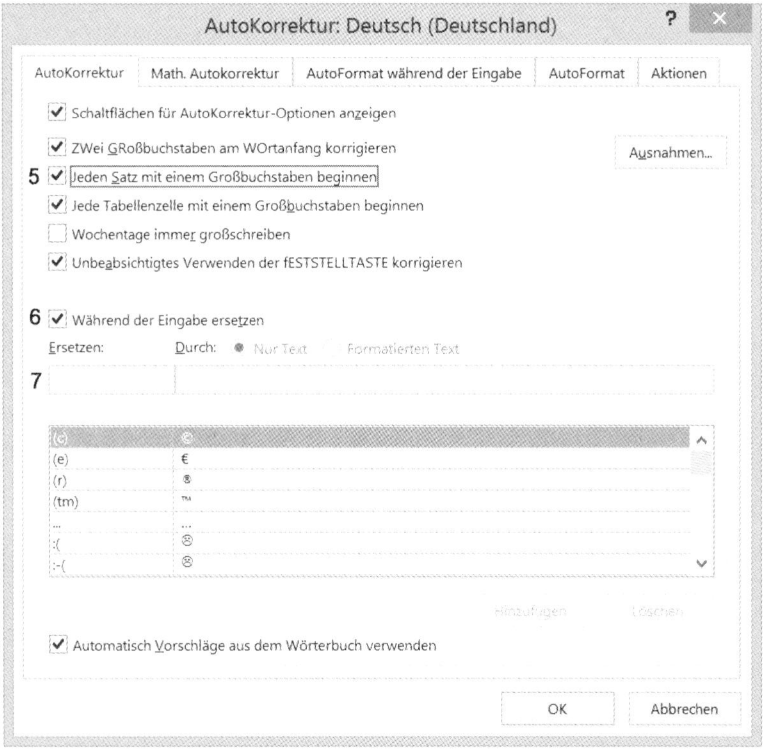

Abbildung 51: AutoKorrektur-Optionen

Nutzen Sie die AutoKorrektur für lange oder umständliche Namen und Begriffe, beispielsweise wenn in Produkt- oder Personennamen besondere Buchstaben benötigt werden, die nicht standardmäßig verfügbar sind, Sie diesen Namen aber häufiger brauchen.

Es empfiehlt sich, die AutoKorrektur in die Symbolleiste für den Schnellzugriff hinzuzufügen.

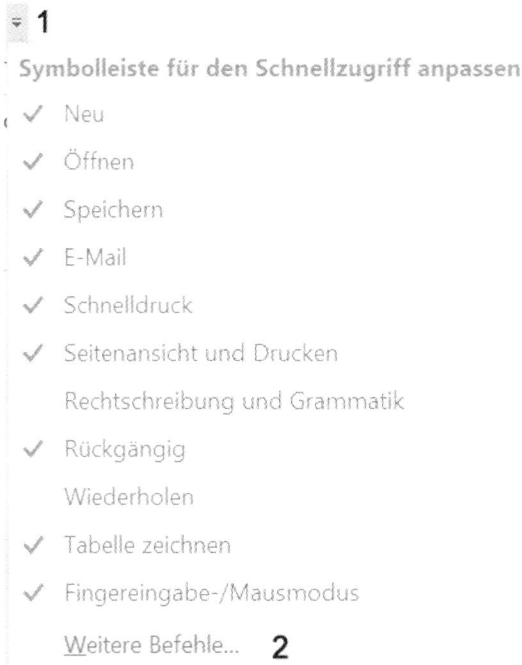

Abbildung 52: Symbolleiste für den Schnellzugriff anpassen

(1) Klicken Sie in der Symbolleiste für den Schnellzugriff ganz rechts auf den schwarzen Drop-down-Pfeil.

(2) Wählen Sie den Eintrag *Weitere Befehle …*

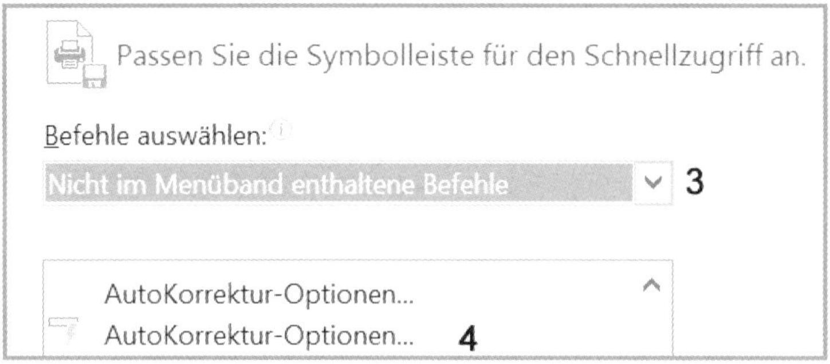

Abbildung 53: AutoKorrektur-Optionen für den Schnellzugriff

(3) Wählen Sie *Nicht im Menüband enthaltene Befehle.*

(4) Wählen Sie *AutoKorrektur-Optionen.*

Klicken Sie auf *Hinzufügen* und schließen Sie die Aktion mit *OK* ab.

Danach erscheint die Funktion AutoKorrektur immer in der Symbolleiste für den Schnellzugriff.

Schnell einen Eintrag für die AutoKorrektur definieren

Mein Rechner enthält einen Prozessor vom Typ **CORE™i7**. Sollte ich nun Texte zu dieser Produktfamilie schreiben, wäre mir das sehr lästig – die Versalien, die Hochstellung, dann ein Kleinbuchstabe und eine Zahl … Das ist nicht gerade flüssig zu tippen. Es hilft schon mal zu wissen, dass »(tm)« das hochgestellte ™ erzeugt. Das ist eine Voreinstellung in der Liste der AutoKorrekturen.

Schritt 1: Begriff korrekt hinschreiben und markieren.

Schritt 2: Schaltfläche AutoKorrektur-Optionen in der Schnellstart-Symbolleiste – wie vorher eingebaut – anklicken.
Alternativ: *Datei – Optionen – Dokumentprüfung – AutoKorrektur-Optionen*

Der markierte Begriff erscheint nun bereits im Feld *Durch:*

Schritt 3: Ergänzen Sie nun die vereinfachte Version und bestätigen Sie mit *Hinzufügen.*

Die AutoKorrektur ist sofort wirksam.

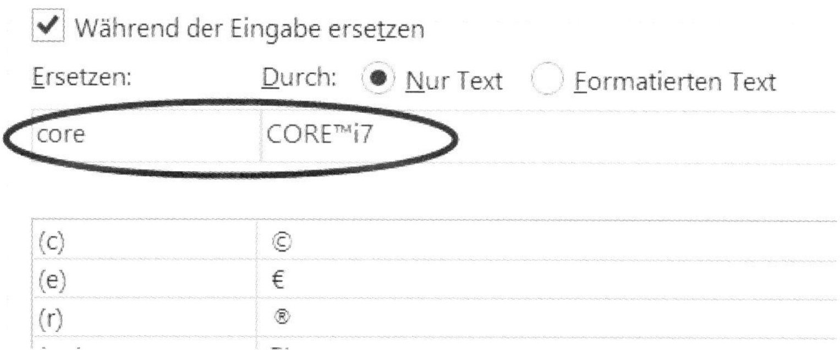

Abbildung 54: Definition eines AutoKorrektur-Eintrags

Seitenzahl als Schnellbaustein mit Feldfunktion

Die Schnellbausteine funktionieren in Word und in Outlook genau gleich. Daher für die grundsätzliche Funktion bitte auf Seite 97 nachsehen. Hier stelle ich einen meiner wichtigsten Schnellbausteine in Word vor, den wir nachher bei **Agenda** und **Protokoll** gut gebrauchen können.

Gern genommen ist in der Fußzeile die Angabe »Seite 1 von 5« oder auch »1/5«. Word stellt viele Bausteine für Kopf- und Fußzeilen zur Verfügung, die allerdings für die meisten Zwecke im Büroalltag zu verspielt sind. Bauen Sie sich Ihr meistgebrauchtes Format als Schnellbaustein. Das ist gar nicht schwer.

Schritt 1: Tippen Sie auf ein leeres Blatt »Seite« und fügen Sie ein Leerzeichen an.

Schritt 2: Klicken Sie: *Einfügen – Schnellbausteine – Feld.*

Abbildung 55: Schaltflächen zur Feldfunktion

Wählen Sie nun in der Liste die Feldfunktion *Page* (das ist die einfache Seitenzahl) aus. Dann erscheint ein zweites Fenster. Wählen Sie dort das Zahlenformat und bestätigen Sie mit *OK*.

Schritt 3: Tippen Sie nun »von« oder machen Sie einen Schrägstrich.

Schritt 4: Gehen Sie genauso vor wie in Schritt 2, wählen Sie aber die Funktion *NunPages,* das ist die Gesamtzahl der Seiten.

Schritt 5: Markieren Sie nun den Ausdruck »Seite 1 von 1«, betätigen Sie mit ALT+F3 und legen Sie den Baustein unter dem Namen *Seite* ab.

Wo auch immer Sie den Baustein einfügen (*Seite* tippen und F3 drücken), erscheinen die korrekten Seitenzahlen. Meist wird das die Fußzeile am äußeren Rand sein.

Checklisten und Formulare

»Früher war das kein Problem, aber seit der neuen Office-Version kann ich keine Formulare mehr machen!« Das habe ich nun schon so oft gehört, dass ich das Thema hier ausführlicher erläutern möchte. Checklisten und Formulare sind gute, wichtige und praktische

Werkzeuge der Prozesssteuerung (siehe Seite 128). Es lohnt sich, diese so gut zu machen, dass sie gerne benutzt werden.

Entwicklertools

Als Allererstes: Prüfen Sie bitte, ob Ihr Word das Register *ENTWICKLERTOOLS* aufweist. Das sollte weit rechts nach dem Register *Ansicht* kommen.

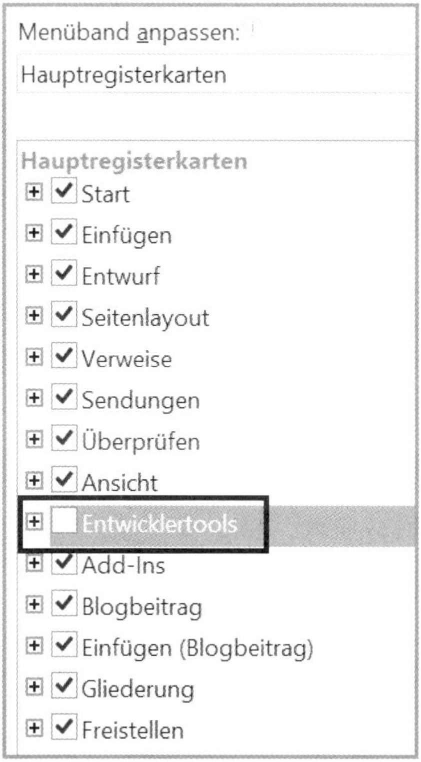

Abbildung 56: Entwicklertools aktivieren

Ist dort nichts zu sehen, gehen Sie bitte auf: *DATEI – Optionen – Menüband anpassen*. Dort sehen Sie in der rechten Leiste die Liste der Menübänder, dort aktivieren Sie dann das Kontrollkästchen vor *ENTWICKLERTOOLS*.

Steuerelemente

Auf diesem Menüband sind sie, die Steuerelemente für Formulare.

Abbildung 57: Steuerelemente für Formulare

Hauptsächlich brauchen Sie:

(1) **Rich-Text-Inhaltssteuerelement** (formatierter Text),

(2) **Kontrollkästchenelement** (zum Ankreuzen per Klick),

(3) **Kombinationsfeld-Inhaltssteuerelement** (Auswahl aus Liste oder freie Eingabe),

(4) **Drop-down-Listen-Inhaltssteuerelement** (nur Auswahl aus einer Liste),

(5) **Datumsauswahl-Inhaltssteuerelement.**

Stellen Sie Ihren Cursor an die Stelle, an der das Element erscheinen soll, und wählen Sie mit einfachem Klick aus der Gruppe der Steuerelemente das richtige aus.

Ein Rich-Text-Steuerelement (1) erscheint so:

Abbildung 58: Rich-Text-Steuerelement – unbearbeitet

Schalten Sie in den Entwurfsmodus (6) und aktivieren Sie dann die Eigenschaften Ihres Feldes (7).

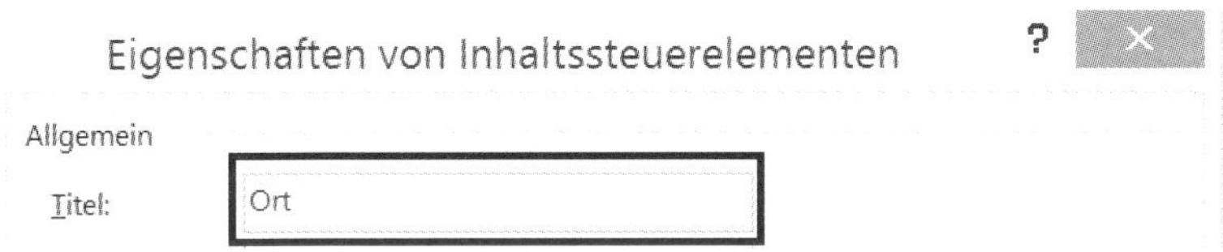

Abbildung 59: Titel für ein Steuerelement

Titel: Dieser Begriff steht später über dem Inhaltssteuerelement, jedoch nur, wenn das Feld angeklickt wird. Hier zum Beispiel *Ort.*

Den Vorgabetext *Klicken Sie hier, um Text einzugeben* können Sie direkt im Element anpassen – wenn der Entwurfsmodus aktiv ist.

Unser Beispiel sieht im Entwurfsmodus so aus:

Abbildung 60: Rich-Text-Steuerelement im Entwurfsmodus

Ist der Inhalt eingetragen und das Feld verlassen, **unterscheidet sich der Inhalt der Formularfelder nicht vom Fließtext!**

Im Gegensatz zu den früheren Formularfeldern funktionieren die aktuellen auch einwandfrei in einem ungeschützten Dokument. So sind sie sinnvolle Ergänzungen verschiedener Dokumentvorlagen. Sie machen die Eingaben schneller und sicherer.

Vorlagen für Fortgeschrittene

Besprechungen nehmen einen großen Teil der Arbeitszeit in Anspruch. Diese gut vor- und nachzubereiten ist eine sehr lohnende Aufgabe. Denn wenn alle Teilnehmenden gut vorbereitet erscheinen und die Ergebnisse sauber dokumentiert sind und nachverfolgt werden können, werden Meetings zu Effizienzbringern, statt Zeitfresser zu bleiben. Neben klarer Zieldefinition und Kommunikation sind wirklich gute Vorlagen für die Agenda und das Protokoll wichtige Werkzeuge.

Vorlage für eine Agenda erstellen

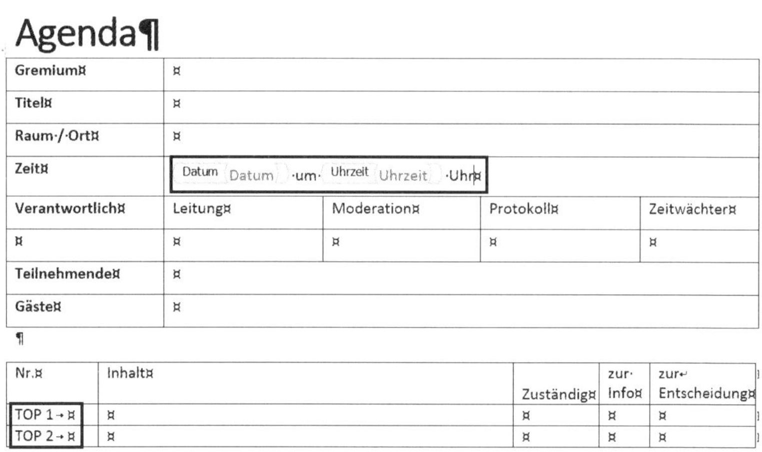

Agenda¶

Gremium¤	¤			
Titel¤	¤			
Raum·/·Ort¤	¤			
Zeit¤	Datum Datum ·um· Uhrzeit Uhrzeit ·Uhr¤			
Verantwortlich¤	Leitung¤	Moderation¤	Protokoll¤	Zeitwächter¤
¤	¤	¤	¤	¤
Teilnehmende¤	¤			
Gäste¤	¤			

¶

Nr.¤	Inhalt¤	Zuständig¤	zur· Info¤	zur↵ Entscheidung¤
TOP 1→¤	¤	¤	¤	¤
TOP 2→¤	¤	¤	¤	¤

Abbildung 61: Word-Vorlage für eine Agenda

- Die Vorlage für diese schlichte Agenda erhalten Sie unter www.sigridhess.de/downloads.

Technisch ist es unkompliziert. Es ist eine einfache Tabelle in Word. Die einzigen Raffinessen sind die Inhaltssteuerelemente für Datum und Uhrzeit.

Dafür auf dem Menüband *ENTWICKLERTOOLS* das Steuerelement *Datumsauswahl-Inhaltssteuerelement* wählen – siehe Abbildung 57 (6) und (7) – Entwurfsmodus und Eigenschaften aktivieren. Geben Sie als Titel *Datum* ein und wählen Sie weiter unten das gewünschte Datumsformat. Im Element selbst verkürzen Sie den Standardtext *Klicken Sie hier, um das Datum einzugeben* auf das Wort *Datum.*

Erzeugen Sie ebenso das Element Uhrzeit. Das Verfahren ist dasselbe, lediglich wählen Sie bei den *Datumsauswahleigenschaften* weit unten in der Liste eine Zeitangabe aus.

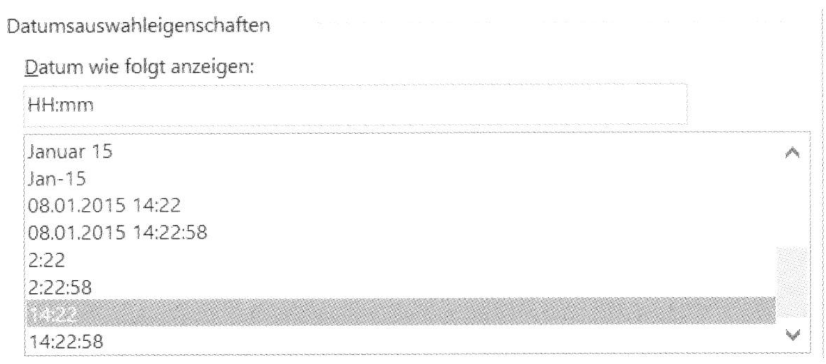

Abbildung 62: Auswahl der Uhrzeit

Nummerierung für TOPs

Das in Abbildung 63 markierte TOP 1 für den Tagesordnungspunkt (TOP) ist im Grunde eine einfache Nummerierung – lediglich mit einem neuen Zahlenformat. Stellen Sie den Cursor in die richtige

Tabellenzelle, klicken Sie auf *Nummerierung* und wählen Sie dann ganz unten *Neues Zahlenformat definieren.*

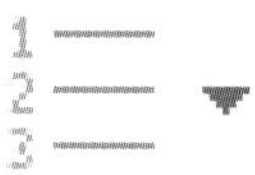

Abbildung 63: Nummerierung anpassen

Im nächsten Dialogfenster schreiben Sie einfach im Feld *Zahlenformat* »TOP« vor die Eins. Bestätigen Sie mit *OK.*

Nun steht in jeder neuen Zeile TOP mit fortlaufender Nummer.

Extra-Tipp

Sicher müssen Sie gelegentlich die Zeilen umbauen. Das kann mit der Maus in Tabellen lästig sein. Ganz einfach geht es mit einer Tastenkombination: Markieren Sie die Zeile, die Sie bewegen wollen, halten Sie mit der linken Hand ALT + Shift, dann mit den Cursor-Tasten (Pfeiltasten) nach oben oder unten bewegen. Probieren Sie es, das hört sich kompliziert an, ist aber sehr einfach und funktioniert auch in Nummerierungen oder Aufzählungen.

Erste Seite anders bei Kopf- und Fußzeilen

Die Fußzeile hat die Funktion *Erste Seite anders,* im kontextabhängigen Menüband *Kopf- und Fußzeilentools,* da nur, wenn die Agenda mehr als eine Seite hat und die Seitenzahl relevant ist.

Abbildung 64: Erste Seite anders bei Kopf- und Fußzeilen

Als Seitenzahl habe ich *Seite x von y* gewählt, das als Schnellbaustein hinterlegt ist (siehe Seite 125f.).

Vorlage für ein Protokoll erstellen

Hier ist die auf Seite 86 angekündigte Vorlage für ein Protokoll:

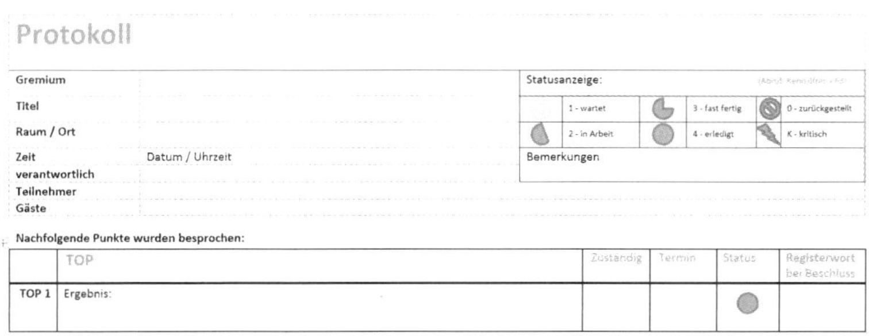

Abbildung 65: Word-Vorlage für ein Protokoll

Es ist eine Tabelle mit besonderen Zusatzfunktionen. Das Datums- und Uhrzeit-Inhaltssteuerelement haben Sie schon bei der Agenda kennengelernt, ebenso die automatische Nummerierung mit TOP.

Neu ist hier die grafische Statusanzeige. Die Elemente habe ich alle als Schnellbausteine unter dem in der Legende genannten Kürzel abgelegt. Die Technik dazu finden Sie auf Seite 96f. Diese Schnellbausteine habe ich nicht in *Normal.dotx* abgelegt, sondern nur in der Vorlage für das Protokoll, also in *Protokoll.dotx*.

Herstellen der Symbole: *Einfügen – Formen – Form wählen – Farbig gestalten und Größe anpassen.*

Abspeichern: Markieren, ALT + F3, Maske ausfüllen, mit *OK* bestätigen.

Abbildung 66: Beispiel des AutoText-Eintrages für das Zeichen »zurückgestellt«

Die Kategorie *Symbole* habe ich angelegt, um die Zeichen beisammenstehen zu haben.

Neue Zeile im Protokoll erzeugen: Einfach mit der Tabtaste weitergehen oder im Register *TABELLENTOOLS-LAYOUT Darunter einfügen* wählen.

Ein Symbol einfügen: Entsprechend der Legende eine Ziffer oder einen Buchstaben tippen und F3 drücken. Alternativ: *EINFÜGEN – Schnellbausteine – AutoText* – Symbol anklicken.

Extra-Tipp:

Wenn Sie viel mit AutoTexten arbeiten: Das Symbol *AutoText* rechts anklicken und zur *Symbolleiste für den Schnellzugriff hinzufügen.*

Der Nutzen: Das Erstellen eines solchen Protokolls geht schnell. Durch die farbigen Symbole sind auch bei schnellem Drüberlesen die wichtigsten Informationen erfassbar.

Als Vorlage speichern und aufrufen

Das geht ganz einfach: Sie wählen im Fenster *Speichern unter …* einfach den Dateityp *Word-Vorlage (*.dotx)* aus.

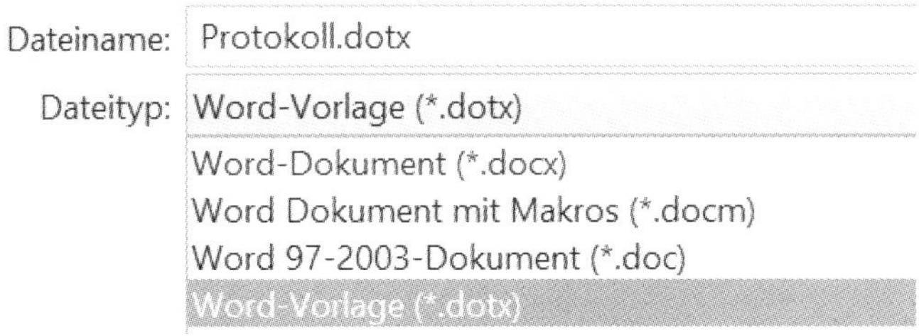

Abbildung 67: Dateityp Word-Vorlage auswählen

Danach wählen Sie den **Speicherort** aus. Wenn es eine Vorlage für das Team werden soll, muss diese natürlich an einem Ort mit den entsprechenden Zugriffsrechten gespeichert werden.

Standardordner für persönliche Vorlagen einrichten

In Word 2013 ist es leider etwas umständlicher geworden: Microsoft glaubt wohl nicht mehr wirklich, dass jemand eigene Vorlagen brauchen könnte. Jedenfalls müssen Sie den Ordner, der diese enthält, erst aktivieren.

Klicken Sie *DATEI – Optionen – Speichern* und tragen Sie dort bei *Standardspeicherort für persönliche Vorlagen:* den gewünschten Pfad ein. Erst danach sehen Sie bei *DATEI-Neu* den Reiter *PERSÖNLICH*. Dort sind nun Ihre Vorlagen gespeichert. Dies ist auch der vorgeschlagene Speicherort, sobald Sie den Dateityp *Word-Vorlage (*.dotx)* wählen.

Dokumentvorlage aufrufen

Am besten rufen Sie die Dokumentvorlage über den Explorer auf. Mit einem Doppelklick erhalten Sie eine Kopie der Vorlage – das heißt ein noch ungespeichertes *.docx*-Dokument. Mit einem Rechtsklick und der Auswahl *Öffnen* gelangen Sie **direkt in die Vorlage,** um gegebenenfalls Anpassungen vorzunehmen. In der Titelleiste des Dokumentes steht dann der Name Ihrer Vorlage mit der Endung *.dotx.*

Wenn die Vorlage in Ihrem Standardspeicherort für persönliche Vorlagen liegt, können Sie diese natürlich auch über *DATEI – Neu – PERSÖNLICH* aufrufen.

6. Excel

Nein, das hier ist kein Excel-Kurs. Kann es nicht sein. Hier stelle ich Ihnen einige wenige Funktionen vor, die unkompliziert sind und wenig bekannt. Und die außerdem – das wichtigste Kriterium – Ihre Arbeit enorm beschleunigen können.

Vorlagen schnell und professionell

Vorlagen in Excel? Das ist in der Tat ein eher neues Thema. Erst seit 2007 sind die Funktionen so verfügbar. Genutzt werden sie meiner Beobachtung zufolge so gut wie gar nicht.

Zellenformatvorlagen

Eine Formatvorlage für Zellen? Wozu denn das?

Es hat Charme, wenn Überschriften und Ergebniszeilen überall genau gleich aussehen und obendrein mit zwei Klicks formatiert sind! Außerdem braucht man manches Mal eine etwas umständliche Formatierung, zum Beispiel beim Datum. Diese nur einmal zu erzeugen und dann ebenfalls mit zwei Klicks abrufen zu können, ist die kleine Mühe wert, sich mit Zellenformatvorlagen zu befassen.

Auf dem Menüband *START* finden Sie die Schaltfläche *Zellenformatvorlagen.*

Abbildung 68: Zellenformatvorlagen

Die oberen Blöcke (1) sind schlicht optische Formatierungen. Das ist praktisch, um die Firmenfarben in allen Office-Dokumenten durchgängig zu verwenden. Hier liegen die Farben des übergreifenden Office-Designs ebenso zugrunde wie in Word und PowerPoint.

Benötige ich ein besonderes Währungs- oder Datumsformat jenseits des Standards, bietet sich die Zellenformatvorlage besonders an. Beispielsweise brauchte einer meiner Kunden unbedingt ein platzsparendes Datumsformat mit Wochentag. Das hat Excel nicht als Standard. Das gewünschte Format geht so: TTTT, TT.MM.JJ (Im Klartext: Freitag, 08.05.15)

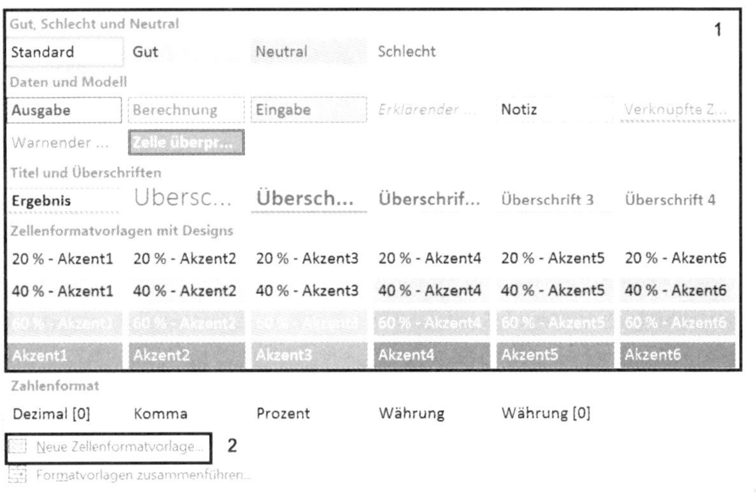

Abbildung 69: Zellenformatvorlagen auswählen

Hierfür erstellte ich eine neue Zellenformatvorlage.

Das Vorgehen

Schritt 1: Klicken Sie auf *Neue Zellenformatvorlage* (2).

Schritt 2: Vergeben Sie im folgenden Dialogfenster einen Namen für die Formatvorlage und klicken Sie auf *Formatieren …*

Nun öffnet sich das bekannte Dialogfenster zum Formatieren von Zellen:

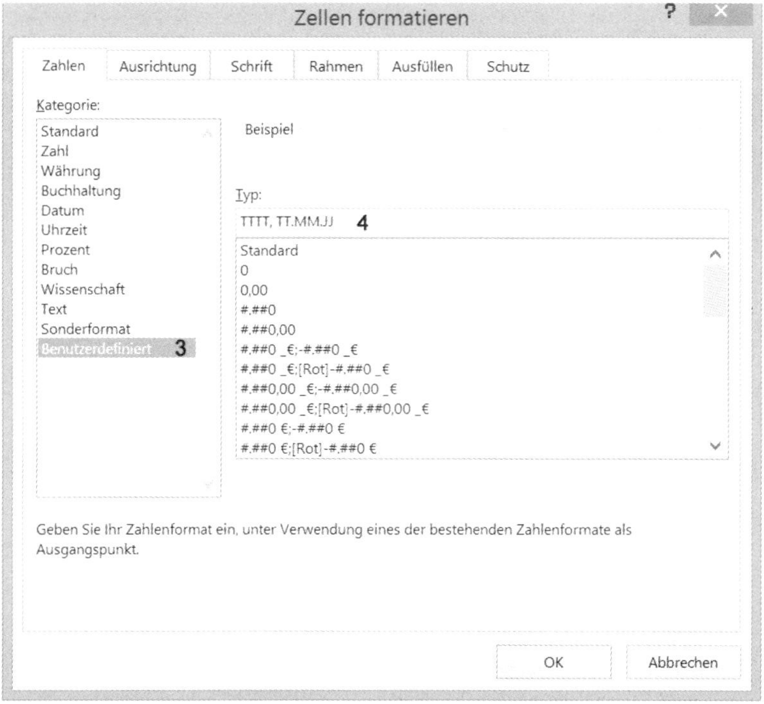

Abbildung 70: Benutzerdefiniertes Datumsformat erstellen

Schritt 3: Wählen Sie *Benutzerdefiniert* (3) und geben Sie bei *Typ* das gewünschte Format ein (4).

Schritt 4: Bestätigen Sie mit *OK*.

Alternativ können Sie auch eine Zelle gemäß der zukünftigen Formatvorlage formatieren, dann wird im Dialogfenster *Formatvorlage* die entsprechende Formatierung bereits vorgeschlagen.

Die Zellenformatvorlage steht nun im Auswahlfenster in der neu hinzugekommenen Gruppe *Benutzerdefiniert* bereit.

Benutzerdefinierte Zellenformatvorlagen werden nicht automatisch mit der Mappe weitergegeben! Sie werden bei den Benutzerinformationen des Nutzers abgelegt. Das bedeutet, dass Ihre Zellenformatvorlagen Ihnen nun in jeder Excel-Mappe zur Verfügung stehen.

Diagrammvorlagen

Wenn Sie einen Bereich Ihres Datenblattes markieren und **F11** drücken, erscheint sofort ein Diagramm auf einem separaten Tabellenblatt. Wenn Sie die Tastenkombination **ALT+F1** nehmen, erscheint das Diagramm auf dem Tabellenblatt, auf dem auch die Daten stehen. So weit, so gut.

Das ist standardmäßig ein 2-D-Säulendigramm mit Legende unten (Excel 2010: rechts). Wenn Ihnen das in neun von zehn Fällen passt und genügt, lesen Sie bitte beim nächsten Abschnitt weiter. Wenn Sie aber anfangen, aus dem Säulendiagramm ein Liniendiagramm (beispielsweise) zu machen, die Legende umzupositionieren, einen Diagrammtitel hinzuzufügen und jedes Mal dieselben Handgriffe auszuführen, um das Diagramm so zu formatieren, wie Sie es in neun von zehn Fällen brauchen, dann sollten Sie Ihr **Standarddiagramm entsprechend anpassen**.

Diagrammvorlage definieren

Schritt 1: Mit der rechten Maustaste ins Diagramm klicken und im Kontextmenü *Als Vorlage speichern …* wählen.

Abbildung 71: Kontextmenü des Diagramms

Nun erscheint ein *Speichern unter …*-Fenster. Das Diagramm wird bei den Vorlagen mit der Dateiendung *.crtx* abgelegt. Aussagekräftigen Namen vergeben, *Speichern.*

Excel 2010

Hier gibt es (noch) eine Schaltfläche für diese Funktion: *Diagramm markieren.* Auf dem Menüband *Diagrammtools/Entwurf* zweite Schaltfläche von links: *Als Vorlage speichern.* Rechte Maustaste funktioniert auch.

Vorlage anwenden

Wenn Sie nun auf die Schaltfläche *Diagrammtyp ändern* gehen und links oben auf den Ordner *Vorlagen* klicken, können Sie aus Ihren selbst erstellten Vorlagen wählen.

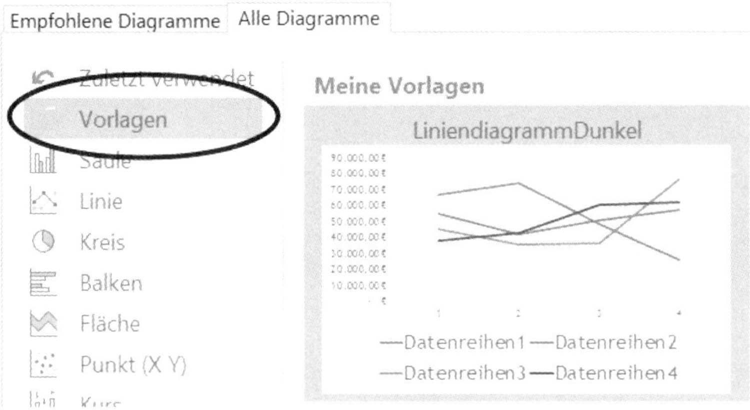

Abbildung 72: Diagrammvorlage aufrufen

Ist eine davon die, die Sie meistens brauchen, klicken Sie mit einem **Rechtsklick auf den Titel der Minivorschau** des Diagramms und danach auf *Als Standarddiagrammtyp festlegen.*

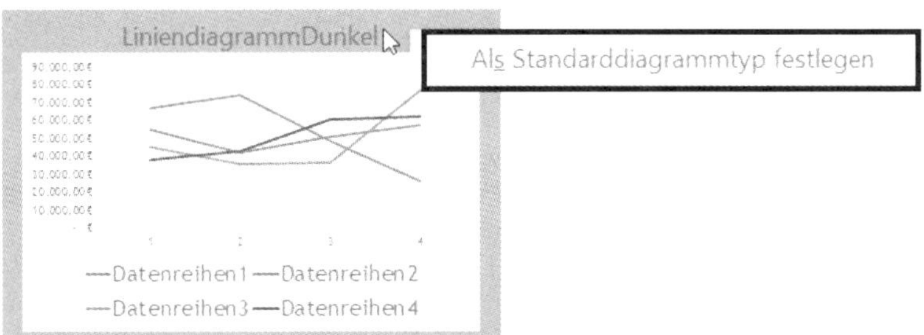

Abbildung 73: Diagrammvorlage als Standard definieren

Dann wird dieser Typ erstellt, sobald Sie mit den eingangs erwähnten Tastenkombinationen ein Diagramm einfügen.

Excel 2010

Klicken Sie die Minivorschau an. Am unteren Rand des Fensters finden Sie die Schaltfläche *Als Standarddiagrammtyp festlegen*.

Diese Diagrammvorlagen sind – wie auch die Zellenformatvorlagen – lokal und benutzerabhängig abgelegt.

Vorlagen für Arbeitsmappen

Für das Team: Eine ganze Mappe als Vorlage speichern

Möchten Sie – was ich nur empfehlen kann – Zellenformatvorlagen und Diagrammvorlagen gemeinsam weitergeben, um im Team einerseits allerhand Formatierungsarbeit zu sparen und andererseits ein einheitliches Layout zu erhalten, bietet sich eine Excel-Vorlage an.

Das Handling einer Vorlage ist genau wie bei Word. Im Dialogfenster *Speichern unter* beim Dateityp *Excel-Vorlage* auswählen, dann wird standardmäßig das lokale Templates-Verzeichnis vorgeschlagen. Wechseln Sie ins Teamlaufwerk. Abspeichern und schon haben Sie eine Arbeitsmappenvorlage gespeichert.

Anders als bei Word wird der Name der Vorlage beibehalten, wenn man diese benutzt. Es steht also nicht *Mappe1* im Titel (analog zu *Dokument1*), sondern der gewählte Vorlagenname mit einer angehängten 1. Dennoch erhalten Sie natürlich eine Kopie der Vorlage und arbeiten nicht in der Vorlage selbst. Denken Sie aber bitte an das Anpassen des Dateinamens beim Abspeichern Ihrer Arbeit – sonst ist Verwirrung vorprogrammiert.

Innerhalb der Vorlage sind sowohl Zellenformatvorlagen wie auch Diagrammvorlagen mit abgelegt. Man kann diese Idee weit treiben: Es könnten passend vorformatierte Tabellenblätter, benannte Bereiche, Listen und vieles andere vorbereitet sein.

Eine solche Mappe, einmal sorgfältig erstellt, spart viel Arbeit und vermeidet Fehler, die durch Kopieren und Ändern alter Mappen leicht geschehen.

Filterfunktionen

Grundsätzlich zeigt ein Filter aus einem Datenblatt eine definierte Auswahl an. Dass ein Filter angewendet wird, sieht man daran, dass die Zeilennummern ganz links nicht schwarz, sondern blau sind. Mit der so gewonnenen Auswahl kann man weiterarbeiten – sie auswerten, kopieren, berechnen oder als Diagramm darstellen.

Besonders wertvoll ist diese Funktion, wenn Ihre Excel-Tabelle Datenbankstruktur hat.

Das heißt, sie ist eine Tabelle mit Überschriften, die Zeilen sind Datensätze. In jeder Zeile stehen zusammengehörende Informationen, in jeder Spalte stehen gleichartige Informationen. Es gibt keine leeren Spalten oder Zeilen.

Zum Beispiel diese Umsatzliste:

Umsatzentwicklung KidsMilk

Produkt	Region	Q1	Q2	Q3	Q4
Bananenjoe	Nord	66.368,00 €	73.578,00 €	48.073,00 €	25.922,00 €
Bananenjoe	Ost	54.771,00 €	41.886,00 €	50.453,00 €	57.510,00 €
Bananenjoe	Süd	44.754,00 €	35.401,00 €	36.123,00 €	76.206,00 €
Bananenjoe	West	38.256,00 €	42.459,00 €	60.172,00 €	61.945,00 €
Bärenquark	Nord	27.110,00 €	58.683,00 €	41.885,00 €	46.924,00 €
Bärenquark	Ost	38.160,00 €	31.993,00 €	38.765,00 €	71.548,00 €
Bärenquark	Süd	59.355,00 €	67.048,00 €	62.013,00 €	82.203,00 €
Bärenquark	West	50.040,00 €	78.297,00 €	68.576,00 €	77.096,00 €
Dippers	Nord	72.005,00 €	65.707,00 €	56.427,00 €	64.504,00 €
Dippers	Ost	73.645,00 €	51.075,00 €	68.813,00 €	67.636,00 €
Dippers	Süd	58.566,00 €	71.393,00 €	36.922,00 €	73.880,00 €
Dippers	West	48.251,00 €	25.500,00 €	55.260,00 €	61.409,00 €

Abbildung 74: Umsatztabelle KidsMilk

Eine solche Liste wird viel mächtiger, wenn man sie als Tabelle formatiert. Diese Bezeichnung ist von Microsoft wenig glücklich gewählt. Denn es besagt nichts. Die Option stellt aber in Tabellen wichtige Funktionen bereit, auf die man nicht freiwillig verzichten sollte.

Daten als Tabelle formatieren

Die offensichtlichste Eigenschaft einer Excel-Tabelle ist gleichzeitig eine der unwichtigsten: Farbe und Streifen.

Klicken Sie in eine Zelle Ihrer Datentabelle und klicken Sie dann auf die Schaltfläche *Als Tabelle formatieren.*

Abbildung 75: Schaltfläche im Menüband *START*

Wählen Sie eine beliebige Farbkombination aus.

Diese Funktionen erhalten Sie gleich mit:

- auf den Spaltenköpfen ist die Funktion AutoFilter aktiv,
- die Tabelle wächst mit ihren Aufgaben. Das heißt, wenn ein Diagramm darauf Bezug nimmt, werden die neu hinzugekommenen Datensätze **automatisch** in das Diagramm übernommen,
- der Tabellenbereich ist ein absoluter Bezug,
- in den Tabellentools können Sie die Ergebniszeile aktivieren für schnelle Auswertungen,

- und ja, auch die Farbstreifen – sie verbergen sich hinter den Kontrollkästchen *Verbundene Zeilen* sowie *Verbundene Spalten* im Menüband *Tabellentools Entwurf.*

Einfache Filter nutzen

Um nur die Umsätze eines bestimmten Produktes, zum Beispiel von *Dippers,* zu sehen, ist ein Filter das Richtige. Um diesen zu setzen, brauchen Sie genau vier Klicks:

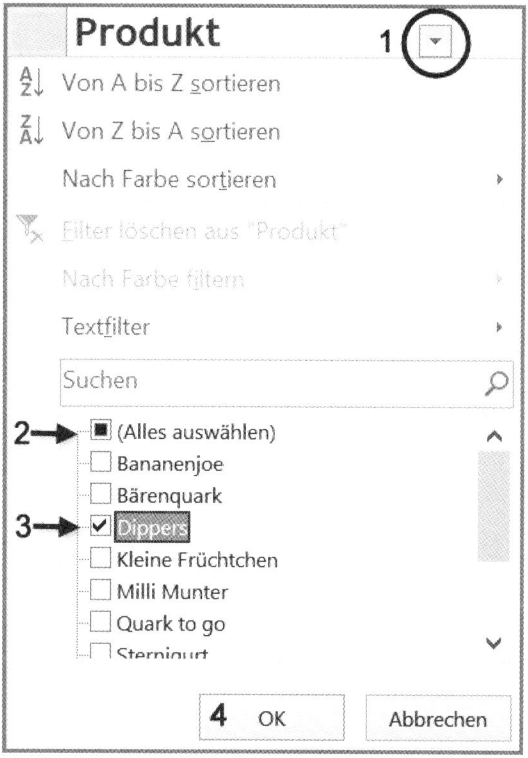

Abbildung 76: Textfilter setzen

(1) Drop-down-Pfeil neben dem Produkt anklicken.

(2) Deaktivieren des Kontrollkästchens *Alles auswählen* (also keines auswählen).

(3) Aktivieren des Kontrollkästchens *Dippers.*

(4) Mit *OK* bestätigen.

Die Ergebniszeile anpassen

Interessant ist bei Umsätzen auch immer die Gesamtsumme, das Maximum, das Minimum oder auch der Durchschnitt. Das alles geht sehr komfortabel mit der Ergebniszeile.

Steht Ihr Cursor innerhalb der Tabelle, sehen Sie das kontextabhängige Menüband *TABELLENTOOLS – ENTWURF.*

Aktivieren Sie dort das Kontrollkästchen *Ergebniszeile.*

Abbildung 77: Aktivieren der Ergebniszeile

Die Zeile wird unter dem Filterergebnis eingeblendet, und standardmäßig wird in der letzten Spalte die Summe gebildet (falls in der Spalte Text steht, wird die Anzahl angezeigt).

Sie können nun in jeder Ergebniszelle über einen Drop-down-Pfeil die Sie interessierende Auswertung aktivieren. Hier zum Beispiel die Summe des Umsatzes.

Abbildung 78: Mögliche Ergebnisfunktionen

Das Filterergebnis kann direkt gedruckt oder in einem Diagramm ausgewertet werden.

Filter wieder auflösen

Es gibt mehrere Wege, hier ist der übersichtlichste:

Menüband *DATEN* Schaltfläche *Filtern* (sie ist jetzt farbig) anklicken, dadurch werden alle Filter ausgeschaltet. Die Ergebniszeile steht nun ganz unten und kann über das Kontrollkästchen (Abbildung 77 Aktivieren der Ergebniszeile) wieder aktiviert beziehungsweise deaktiviert werden.

Spezialfilter

Vielleicht möchten Sie die zehn höchsten Einzelumsätze eines Quartals sehen. Dazu wird der Spezialfilter/Zahlenfilter *Top 10* eingesetzt.

Aktivieren Sie gegebenenfalls die Filterfunktion über das Menüband *DATEN* Schaltfläche *Filtern.*

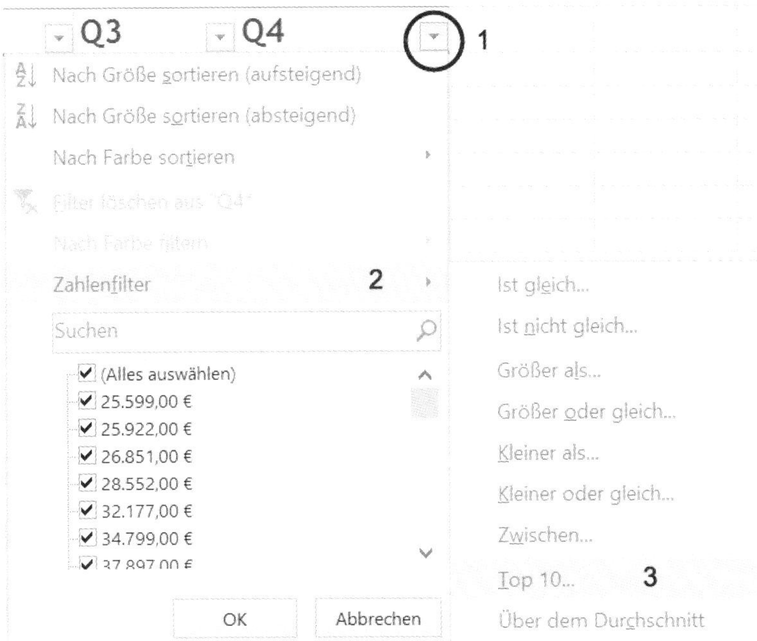

Abbildung 79: Spezialfilter/Zahlenfilter setzen

(1) Klicken Sie auf den Drop-down-Pfeil der interessierenden Spalte.

(2) Wählen Sie *Zahlenfilter.*

(3) Wählen Sie *Top 10 …*

Im folgenden Dialogfenster erhalten Sie die »obersten zehn Elemente« angeboten, bestätigen Sie mit *OK.*

Praxisbeispiel: Die Produktivitätsliste

Im Kapitel »E-Mailen für Fortgeschrittene – und wie man weniger E-Mails schreibt« ab Seite 53 habe ich schon darauf hingewiesen, hier ist nun das Praxisbeispiel.

Herr Bluhm fällt kurzfristig aus. Was liegt bei ihm gerade an, worum muss man sich dringend kümmern?

Zwei Filter werden gesetzt: Textfilter »=Bluhm« und »ist leer« in der Spalte mit dem Erledigungsdatum. Sofort sind alle laufenden Projekte sichtbar.

Hier sehen Sie die als Tabelle formatierte Liste ohne aktive Filter:

Produktivitätsliste Produktmangement KidsMilk

Produkt	Aufgabe	eingestellt	zu erledigen bis	zuständig	Status	erledigt am
Sternigurt	Relaunch koordinieren	03.11.2014	24.11.2014	Bluhm	wartet auf anderen	
Kleine Früchtchen	Verkostung auswerten	04.11.2014	24.11.2014	Berg	in Arbeit	
Zaubermilch	Neuentwürfe Etikett bestellen	05.11.2014	10.11.2014	Gruber	erledigt	07.11.2014
Bärenquark	Umstellung neue Packungsgröße	05.11.2014	01.12.2014	Berg	fast fertig	
Sternigurt	Kennzeichnung überprüfen	07.11.2014	18.11.2014	Bluhm	zurückgestellt	
Bananenjoe	Umstellung neue Packungsgröße	10.11.2014	01.12.2014	Bluhm	in Arbeit	
Quark to go	Verkostung auswerten	10.11.2014	17.11.2014	Reisch	erledigt	14.11.2014
Dippers	Qualitätsprobleme überwachen	10.11.2014	laufend bis Jan.	Berg	in Arbeit	
Zwergels	Marktstudie auswerten	11.11.2014	18.11.2014	Hamm	erledigt	
Zwergels cool	Marktstudie auswerten	12.11.2014	18.11.2014	Hamm	erledigt	
Milli Munter	Neuentwürfe Etikett bestellen	13.11.2014	18.11.2014	Gruber	wartet auf anderen	
Zwergels	Packungssentwürfe prüfen	18.11.2014	07.12.2014	Hamm	zurückgestellt	
Zwergels cool	Packungsentwürfe prüfen	18.11.2014	07.12.2014	Hamm	zurückgestellt	

Abbildung 80: Beispiel Produktivitätsliste

Einen Namen selektieren

Öffnen Sie den Filter über der Spalte *zuständig*, deaktivieren Sie *Alles auswählen* und aktivieren Sie *Bluhm*. Mit *OK* bestätigen (vgl. Abbildung 76 Textfilter setzen).

Filter *Leere* setzen

Abbildung 81: Filter *Leere*

Öffnen Sie die Filterauswahl über der Spalte *erledigt am* wie oben gezeigt. Deaktivieren Sie nun das Kontrollkästchen *Alles auswählen* und aktivieren Sie *Leere.*

Nun sehen Sie die Datensätze, die die aktiven Projekte des Mitarbeiters Bluhm enthalten.

Weitere Auswertungen

In der *zu erledigen bis*-Spalte können Sie sehr gut den Spezialfilter/Datumsfilter gebrauchen. Sie finden ihn in Datumsspalten an genau derselben Stelle wie den oben gezeigten Zahlenfilter. Er bietet eine große und sinnvolle Auswahl an, zum Beispiel »nächste Woche«, »nächsten Monat«, »letztes Quartal« und so weiter.

In den Spalten *zuständig* und *Status* filtern Sie nach dem Namen des Kollegen und nach dem Grad der Fertigstellung. Da dies ein Textfilter ist, ist es sehr wichtig, dass alles ohne Tippfehler geschrieben ist.

Durchschnittliche Projektdauer

Excel kennt die Funktion *=Datedif,* die Datumsdifferenz. Damit können Sie in einer zusätzlichen Spalte die Zeitdauer zwischen dem Datum des Einstellens und der Fertigstellung ermitteln. Es geht allerdings auch, indem Sie Datumsfelder ganz einfach subtrahieren. In einer Ergebniszelle können Sie sich dann den Mittelwert anzeigen lassen.

Termintreue

Dafür ermitteln Sie die Datumsdifferenz aus den Spalten *zu erledigen bis* und *erledigt am*.

7. OneNote

Kennen Sie OneNote? Das Icon ist lila mit einem N drauf. Nein? Geben Sie es doch mal in die Suchfunktion am Desktop ein. Schon manche Kunden, die fest behauptet haben: »Habe ich nicht!«, hatten es doch. Denn es ist fester Bestandteil des Office-Paketes seit 2010. Wenn Sie es gefunden haben, am besten rechts anklicken und *An Taskleiste anheften* wählen.

OneNote hat es ein bisschen schwer, denn was genau man damit tun soll, erschließt sich nicht sofort. **OneNote braucht einen Auftrag!** Dann ist es ganz hervorragend geeignet, Informationen aus ganz verschiedenen Quellen zu sammeln, zu ordnen und sehr schnell und präzise wieder auszugeben.

Der Tausendsassa für Informationsmanagement im Team – Ein Einstieg[24]

Also, was brauchen Sie? Persönliches Wissensmanagement? Aufgabenüberwachung im Team? Ein multimediales Reisetagebuch? Ein Büro-Handbuch?

Wenn Sie OneNote zum ersten Mal öffnen, erscheint sofort das erste Notizbuch (gespeichert bei Ihren persönlichen Dokumenten), und das bringt schon gleich eine kleine Gebrauchsanleitung mit. Die ist recht gut gemacht. Allerdings funktioniert es – zumindest in Deutschland – nicht ganz so, wie Microsoft sich das gedacht hat. Die meisten Menschen, mit denen ich bisher darüber gesprochen habe, waren davon eher verwirrt und kamen vorschnell zu dem Ergebnis »Alles so bunt hier, das brauche ich sicher nicht …«.

Das erste Notizbuch erstellen

Fangen wir also lieber mit einem neuen leeren Notizbuch in Ihrem eigenen Arbeitsbereich an:

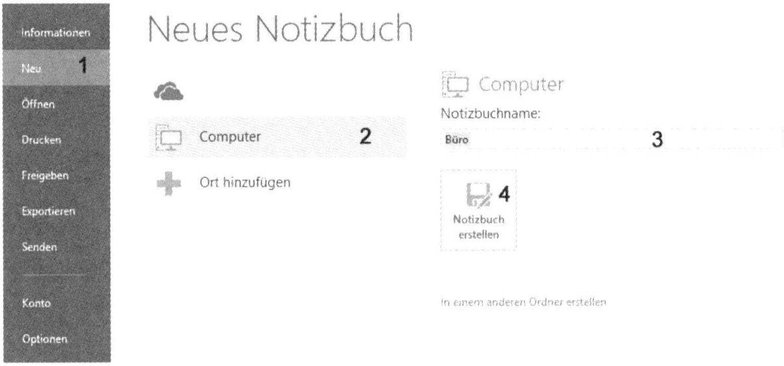

Abbildung 82: Ein neues OneNote-Notizbuch erstellen

Klicken Sie auf *DATEI – Neu (1) – Computer (2).*

(3) Vergeben Sie einen Namen.

(4) Bestätigen Sie mit *Notizbuch erstellen.*

Soll das Notizbuch von mehreren Personen verwendet werden oder möchten Sie es mit verschiedenen Endgeräten nutzen, müssen Sie bei (2) natürlich einen Speicherplatz mit den entsprechenden Zugriffsmöglichkeiten auswählen.

Teamfähig und mobil

OneNote ist sehr gut mit verschiedenen Endgeräten nutzbar. Es gibt mittlerweile für alle gängigen Geräte gute Apps – auch die Web-App direkt in OneDrive ist gut. Ist das Notizbuch an einem Ort mit den entsprechenden Zugriffsmöglichkeiten gespeichert, können Sie es sehr flexibel nutzen. Ebenso andere Menschen, wenn Sie es für diese freigeben.[25]

Der erste Blick

Die erste leere Seite erscheint so:

Abbildung 83: Eine neue Seite, ein neuer Abschnitt

(1) Hier ist der **Name des Notizbuches**. An dem kleinen Pfeil können Sie das Notizbuch wechseln.

OneNote 2010

Hier stehen die Notizbücher senkrecht am linken Rand entlang. Der Pfeil öffnet die übersichtlichere horizontale Anzeige.

(2) Ein noch **unbenannter Abschnitt**. Mit einem **Rechtsklick** öffnen Sie das Kontextmenü, um den Abschnitt zu benennen und verschiedene andere Aktionen auszuführen.

(3) Hier steht der **Seitentitel**, sobald Sie diesen bei (4) eingetragen haben.

(5) Automatisch erscheinen **Datum und Uhrzeit unterhalb des Seitentitels**. Beim Anklicken lassen sie sich ändern.

(6) Klicken Sie hier für eine **neue Seite** in diesem Abschnitt.

(7) Klicken Sie hier für einen **neuen Abschnitt**.

(8) Starten Sie hier die **Suche**. Die Suchfunktion ist sehr schnell, sehr genau und leicht zu bedienen.

(9) Schreiben Sie hier einfach los. Es entsteht automatisch ein **Container**, ähnlich einem Textfeld. Alle Inhalte in OneNote stehen in Containern auf dem Blatt.

Text formatieren

Das geht intuitiv, die Funktionen sind vergleichbar mit denen in anderen Anwendungen. Die entsprechenden Schaltflächen sind wie gewohnt auf dem Menüband *START*.

Weitere Inhalte einfügen

Nicht von links nach rechts auf dem Menüband, sondern in funktionaler Reihenfolge kommen hier die wichtigsten Funktionen, um Inhalte außer geschriebenem Text in Ihr Notizbuch zu bringen.

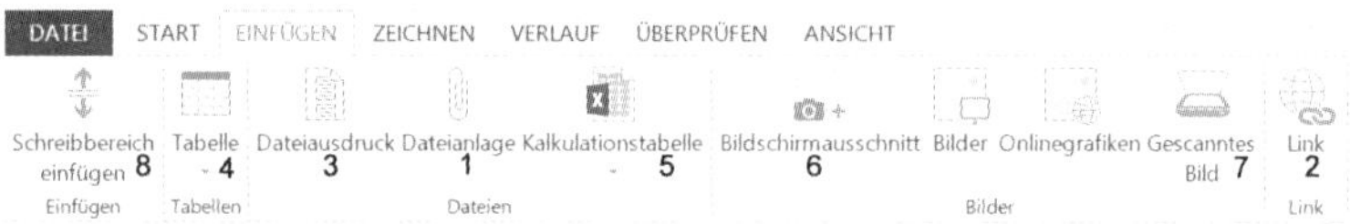

Abbildung 84: Das Menüband *EINFÜGEN*

(1) **Dateianlage** – funktioniert ganz genau so wie in Outlook auch. Die Datei wird auf die Seite kopiert, dargestellt werden ein Icon und der Dateiname.

(2) **Link** – funktioniert auch wie gewohnt. Allerdings schlägt OneNote als Ziele zuerst Orte in OneNote vor – für Dateien oder Inter-

netadressen müssen Sie zuerst auf den gelben Ordner oder die kleine Weltkugel klicken.

(3) **Dateiausdruck** – macht drei Funktionen auf einen Streich: Analog zur Dateianlage wird die Datei eingefügt, außerdem der Link zur Quelle und als Drittes die Druckansicht der Datei.

(4) **Tabelle einfügen** – funktioniert analog zu Word und PowerPoint. Allerdings ist der Funktionsumfang der Tabellen etwas geringer.

(5) Eine **Excel-Tabelle** einfügen – funktioniert analog zu Word und PowerPoint.

OneNote 2010

Die Tabellenfunktion ist wesentlich einfacher gehalten. Das Einfügen von Excel-Tabellen geht leider gar nicht.

(6) **Bildschirmausschnitt** – Hier wird das zuletzt genutzte Fenster in den Vordergrund geholt und milchig dargestellt. Mit gehaltener linker Maustaste kann so ein Ausschnitt des Bildschirms gewählt und direkt eingefügt werden.

Praktischer ist Folgendes: Auf der Seite, auf der ein Bildschirmausschnitt erzeugt werden soll, mit der rechten Maustaste auf das OneNote-Symbol in der Taskleiste klicken und *Bildschirmausschnitt erstellen* wählen. **Tastenkombination:** Windows + Shift + s (für Windows 8.1) oder Windows + s (für Windows 7).

(7) **Gescanntes Bild** – wenn an Ihrem PC ein Scanner angeschlossen ist, können Sie diesen hiermit direkt in Gang setzen. Das gescannte Bild erscheint sofort auf der Seite.

(8) **Schreibbereich einfügen** – wenn Sie oben an der Seite zusätzlichen Schreibraum brauchen, aktivieren: mit gehaltener Maustaste den gewünschten Bereich einfügen. So lässt sich zum Beispiel eine Newsticker-Seite gestalten.

Internetrecherche

Wenn Sie Screenshots aus dem Internet im **Internet Explorer** erzeugen, erscheinen diese in OneNote **sofort mit Seitenname, URL, Datum und Uhrzeit** versehen. Das ist sehr praktisch, um Buchungen oder Bestellungen zu dokumentieren, sowie für alle Rechercheaufgaben.

Texte in Bildern

Egal ob ein Bild, das Text enthält, als Screenshot, Scan oder eingefügtes Bild in OneNote angekommen ist: **Die Wörter im Bild werden von der Suchfunktion gefunden!** Standardmäßig ist als Sprache hierfür Deutsch eingestellt. Nur wenn die Texte in einer anderen Sprache verfasst sind, ist ein rechter Mausklick auf das Bild nötig. Im Kontextmenü führen Sie die Maus auf den untersten Eintrag *Text im Bild als durchsuchbar definieren* und wählen die richtige Sprache aus.

Ebenfalls im Kontextmenü finden Sie den Eintrag *Text aus Bild kopieren*. Das bewirkt, dass der von der OCR-Software erkannte Text nun in der Zwischenablage zur Verfügung steht und ganz einfach in einer beliebigen Anwendung eingefügt werden kann.

Beide Funktionen machen OneNote zum wertvollen Instrument bei der Informationssammlung.

An OneNote senden

Ist OneNote installiert, findet sich bei den Druckertreibern anderer Anwendungen *Send to OneNote 2013*. Das heißt, dass der Ausdruck, statt aus dem Papierdrucker zu kommen, in OneNote eingefügt wird.

Notizbuch für andere freigeben

Auch wenn Sie zunächst alleine an Ihrem Notizbuch gearbeitet haben, können Sie zu jedem beliebigen Zeitpunkt noch andere Personen dazu einladen.

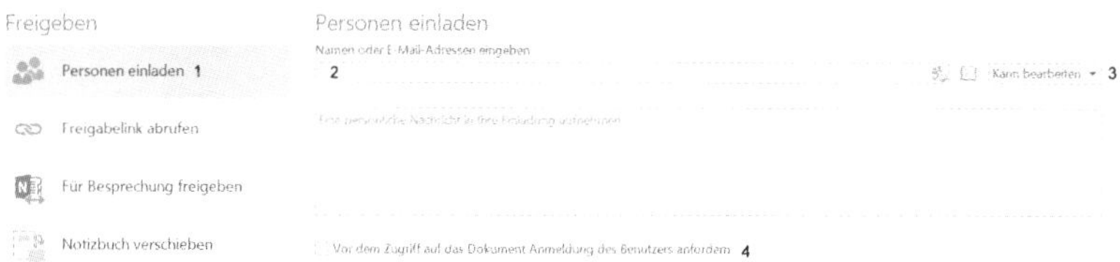

Abbildung 85: Ein Notizbuch freigeben

Klicken Sie dazu auf *DATEI – Freigeben.*

(1) Ist automatisch aktiv.

(2) Tragen Sie hier den **Namen oder die E-Mail-Adresse** der Person ein, die die Freigabe erhalten soll.

(3) Hier können Sie das **Zugriffsrecht auf das Lesen beschränken** (das geht in OneNote 2010 noch nicht).

(4) Hier bestimmen Sie, dass die **Person angemeldet** sein muss, wenn sie auf das Notizbuch zugreift (das heißt, wenn das Notizbuch auf OneDrive liegt, muss die Person mit ihrem Microsoft-Konto ebenfalls angemeldet sein).

Mit diesen Informationen können Sie beginnen. Nur Mut, OneNote ist technisch nicht sehr komplex. Die meisten Funktionen reagieren genau so, wie man es erwartet. Versehentliches Löschen ist kaum möglich, denn **im Notizbuch-Papierkorb** (Menüband *VERLAUF*) **wird alles 60 Tage lang archiviert**.

Praxisbeispiel: Echtzeitprotokoll für eine Telefonkonferenz

Die Teamfähigkeit von OneNote sieht man schön in folgendem Beispiel: Ein virtuelles Team trifft sich zur Telefonkonferenz. Jeder, der schon einmal bei einer solchen dabei war, weiß, dass es einiger Anstrengung und Aufmerksamkeit bedarf, alles in angemessener Form aufzunehmen. Das Protokollieren einer Telefonkonferenz ist aufwendig. Wenn Ihr Protokoll keiner bestimmten Form genügen muss, Ihnen eine einfache tabellarische Darstellung der Ergebnisse genügt und Sie im Team auch keinen hauptamtlichen Protokollanten haben, dann ist hier vielleicht eine gute Lösung für Sie:

Sie brauchen dazu:

- ein freigegebenes Notizbuch, auf das alle Beteiligten Zugriff haben,
- die Möglichkeit, dass die Beteiligten während der Telefonkonferenz das Notizbuch benutzen können,
- die zur Telefonkonferenz gehörige Besprechung im Outlook-Kalender,
- einen, der die Seite einrichtet,
- Lust, etwas Neues auszuprobieren.

Seite einrichten

- Das geht mit wenigen Handgriffen auf einer **neuen, leeren Seite**:

Abbildung 86: Schaltfläche Besprechungsdetails

- Öffnen Sie auf dem Menüband *START* die *Besprechungsdetails.*
- Navigieren Sie zur richtigen Besprechung.

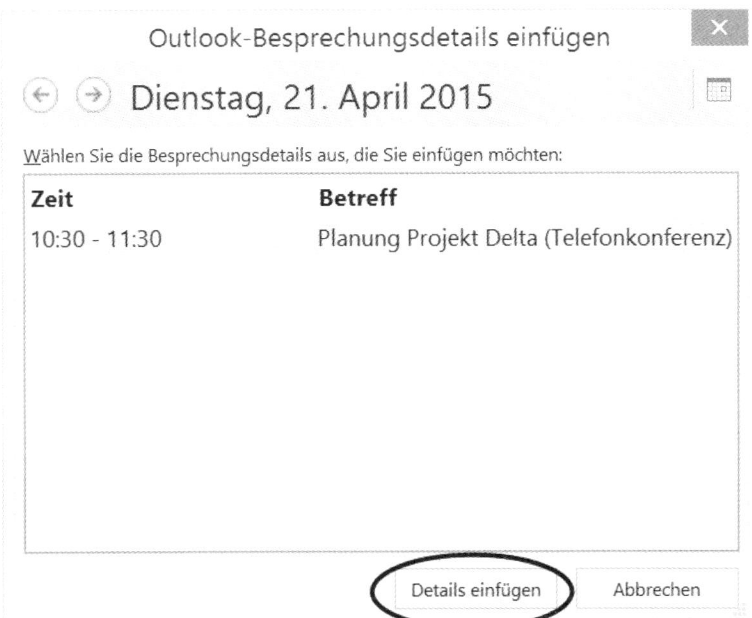

Abbildung 87: Auswahl der Besprechung

- Klicken Sie auf *Details einfügen*.

  Automatisch wird der **Seitentitel entsprechend des Betreffs der Besprechung ergänzt** und Sie erhalten die **Kopfdaten der Besprechung direkt angezeigt**. Die Teilnehmenden sind mit einer Kategorie gekennzeichnet, die das Abhaken der Anwesenden erlaubt.

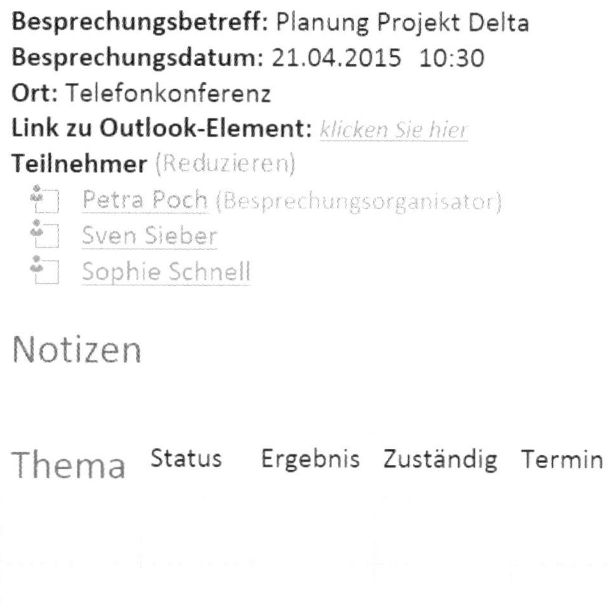

Abbildung 88: Besprechungsdetails auf OneNote-Seite

- Erstellen Sie eine Tabelle.

  Für ein knappes Ergebnisprotokoll reicht eine schlichte Tabelle wie im Beispiel oben.

Gemeinsames Ausfüllen

Im Verlauf der Telefonkonferenz ergänzt jeder Teilnehmende den ihn oder sie betreffenden Punkt in der Tabelle. Die Autorenkennung (Menüband VERLAUF) gibt jederzeit Auskunft, wer genau wann welchen Eintrag erstellt hat.

Thema	Status	Ergebnis	Zuständig	Termin
Bericht bisheriger Verlauf	Erledigt	-	Petra	
Nächste Meilensteine	In Arbeit	Ergänzung Projektplan	Sophie	29.4.15
Klärung mit Auftragnehmer	ToDo	Fertigstellung Lastenheft	Sven	5.5.15

Abbildung 89: Protokollzeilen mit Aufgabenkennzeichnung

Aufgaben in Outlook übertragen

Natürlich sollen in einem Protokoll auch noch zu erledigende Aufgaben festgehalten und nachverfolgt werden. In einem solchen OneNote Protokoll können Sie die **Aufgaben direkt in das Outlook-Aufgabenmodul einpflegen**[26].

Klicken Sie dazu in die Zelle, in der das Aufgabenthema steht (nicht etwa in eine separate Zelle).

Öffnen Sie dann die Schaltfläche *Outlook-Aufgaben* und wählen Sie *Benutzerdefiniert.*

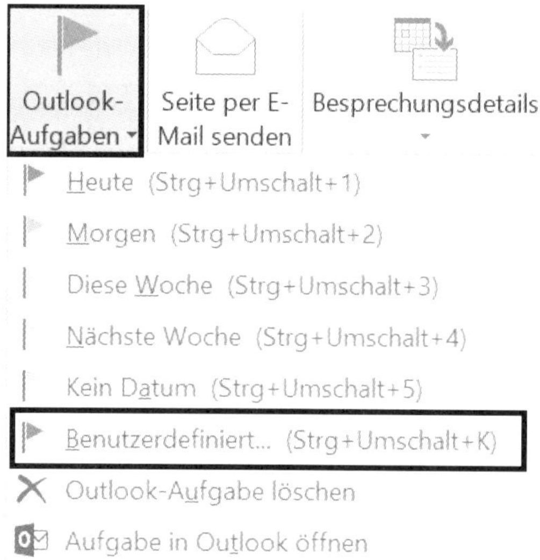

Abbildung 90: Outlook-Aufgaben in OneNote

Nun erscheint das Fenster der Outlook-Aufgabe. Dort können Sie die Termine hinterlegen und nötigenfalls auch die Aufgabe einer anderen Person zuweisen.

Das ist der Grund, warum ich es gut finde, wenn jeder seine eigenen Einträge macht – denn die Aufgaben liegen zuerst im Outlook-Postfach des Erstellers. Der Schritt des Zuweisens und Bestätigens entfällt so.

Ist die Aufgabe erledigt, kann sie entweder in Outlook oder direkt in OneNote als **erledigt gekennzeichnet** werden. Die Kennung wird automatisch übertragen.

Protokoll weitergeben

Sie haben verschiedene Möglichkeiten, das OneNote-Protokoll Menschen zur Verfügung zu stellen, die selbst keinen Zugriff auf OneNote haben.

Die einfachste: *Seite per E-Mail senden* – auf dem Menüband *START.*

Abbildung 91: Schaltfläche *Seite per E-Mail senden*

Ein einfacher Klick erzeugt eine neue E-Mail mit der OneNote-Seite in der Druckansicht. Für viele Zwecke ist das schon ausreichend.

Im Menü *DATEI – Senden* oder auch *Exportieren* haben Sie noch viele Möglichkeiten mehr, zum Beispiel das Konvertieren in PDF- oder Word-Format.

Haben Sie nun Lust bekommen, sich diesem Programm zu nähern? Dann habe ich erreicht, was ich wollte. OneNote erschließt sich wirklich durch Ausprobieren. Es ist technisch längst nicht so anspruchsvoll wie die anderen Office-Anwendungen. Die meisten Funktionen werden intuitiv richtig erfasst und benutzt. Weil OneNote sich erst so richtig mit Beispielen erschließt, kommen hier noch zwei ganz verschiedene Notizbücher als Beispiele. Dabei stelle ich noch einige weitere Funktionen dieses Programms vor. Lassen Sie sich inspirieren.

Persönliches Informationsmanagement – Reiserecherche

OneNote eignet sich hervorragend, um Rechercheergebnisse festzuhalten. Planen Sie Ihre nächste Reise – egal ob privat oder geschäftlich – doch in einem OneNote-Notizbuch. Hier plane ich exemplarisch ein verlängertes Wochenende in Hamburg – Anreise am Donnerstag in der Frühe, drei Nächte, am Donnerstag und Freitag geschäftliche Besprechungen, am Freitagabend Essen gehen mit den

Geschäftspartnern (gerne norddeutsche Küche), am Samstag Touristenprogramm mit Musicalbesuch. Das sind die Eckdaten.

Das Notizbuch erstellen

Eine etwas aufwendigere Planung wie diese hier würde ich in einem eigenen Notizbuch durchführen. Handelt es sich um »Routineangelegenheiten« – Hinflug, Hotel, Mietwagen, Rückflug, fertig –, kann ein Notizbuch für alle Reisen das Richtige sein.

Das Notizbuch heißt *Hamburg Mai 2015*.

Abbildung 92: Abschnitte des Reise-Notizbuches

Für den besseren Überblick empfiehlt es sich, für jeden zu planenden oder recherchierenden Punkt einen eigenen Abschnitt anzulegen. Das ist hier:

- Reise: Vergleich Bahn oder Flug; Buchungsbestätigung
- Hotel: Kategorie ****, Besprechungsräume, verkehrsgünstige Lage; Buchungsbestätigung
- Restaurant: Auswahl für Freitagabend mit Reservierung, weitere Tipps für Samstag und Sonntag
- Musical: Auswahl, Reservierung
- Besichtigung: Zusammenstellung von Ideen, keine Buchung oder Reservierung

Es geht darum, einen Überblick über alle gefundenen Informationen zu haben. Am Ende wird eine Übersichtsseite erstellt, auf welcher die Entscheidungen dokumentiert sind.

Recherchieren im Andockmodus

Für Internetrecherchen aller Art eignet sich der Andockmodus ganz hervorragend. Nutzen Sie diesen mit dem Internet Explorer.

- Öffnen Sie den Internet Explorer
- Wählen Sie im OneNote-Fenster *ANSICHT-An Desktop andocken*

Abbildung 93: Schaltfläche für Andockmodus

OneNote erscheint nun im rechten Drittel Ihres Bildschirms in reduzierter Form.

Abbildung 94: Angedocktes OneNote-Fenster

Umkreist sind in diesem Bild zwei Elemente: die Kettenglieder zeigen den Andockmodus an, beim Klicken auf die drei Punkte öffnet sich das Menüband. Der kleine diagonale Pfeil in der rechten Ecke beendet den Andockmodus.

Im Andockmodus erstellt OneNote automatisch Verknüpfungen zwischen den besuchten Webseiten und Ihren Notizen. Allein durch das Wechseln zwischen Explorer und OneNote!

Bei der Recherche des Fluges ist die Dokumentation mit Screenshots anzuraten, da die Suchergebnisse nicht in der URL festgehalten sind.

Die Schritte:

- Im Windows Explorer die Info suchen
- Tastenkombination Windows + Shift + s (Windows 8) oder Windows + s (Windows 7) betätigen, der Bildschirm wird milchig, nun mit gehaltener linker Maustaste diagonal über den festzuhaltenden Bereich ziehen
- Suchergebnis auf OneNote-Seite ablegen. Das Ergebnis sieht so aus:

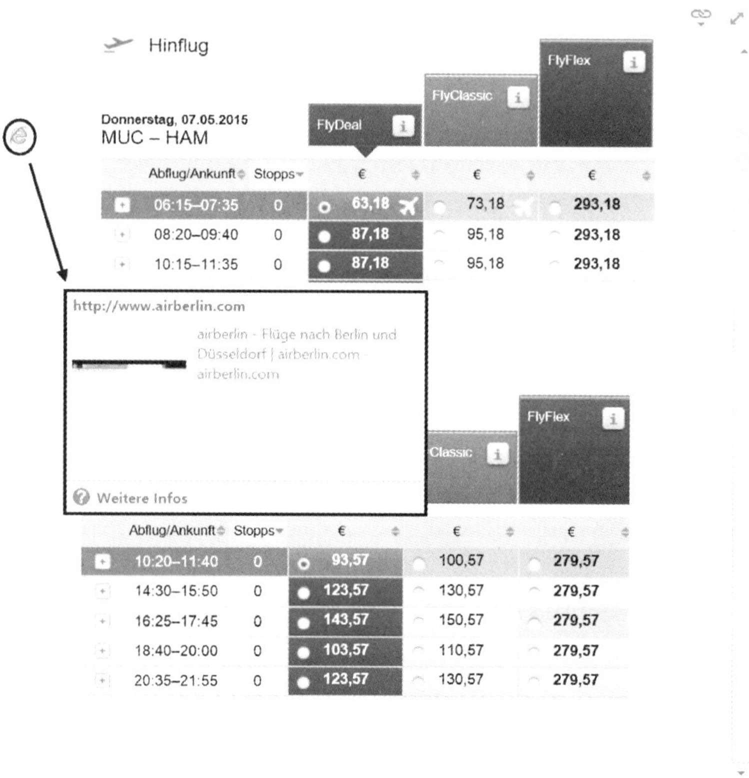

Abbildung 95: Erstes Rechercheergebnis mit Link

Links am Rand neben dem Screenshot erscheint ein Explorer-Icon, das per Klick direkt zu der entsprechenden Webseite führt.

Legen Sie nun im Abschnitt »Reise« verschiedene Seiten an. Pro Fluggesellschaft eine und auch eine für eine alternative Bahnreise.

Zuletzt kommt noch eine Seite für den ÖPNV in Hamburg hinzu.

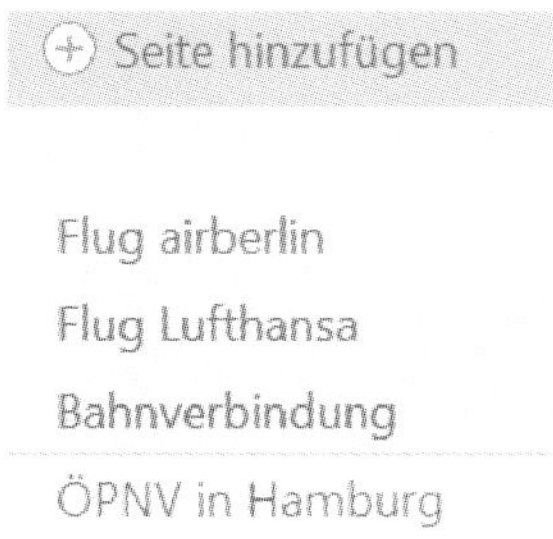

Abbildung 96: Seiten im Abschnitt „Reise"

Für den ÖPNV genügen Links zur entsprechenden Webseite. Es sind drei sinnvolle Links zu finden, die auf diese Weise mit sehr wenig Aufwand festgehalten werden können:

- Sie befinden sich auf der interessierenden Seite im Internet Explorer.
- Klicken Sie einfach auf die OneNote-Seite im Andockmodus und schreiben Sie ein kurzes Stichwort dazu.
- Die Verknüpfung verbirgt sich im Internet-Explorer-Icon am linken Rand.

Auf genau die gleiche Weise halten Sie Rechercheergebnisse zu den weiteren Themen fest. Entweder als Screenshot oder als einfachen Link.

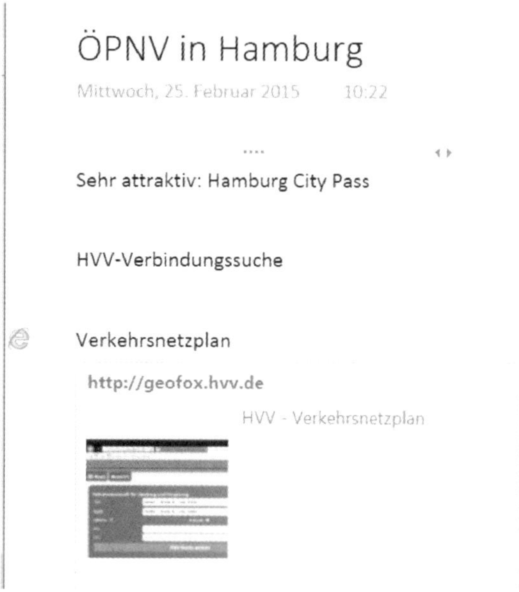

Abbildung 97: Drei Links zum Hamburger ÖPNV

Jederzeit können zusätzliche Infos einfach in einem separaten Container danebengeschrieben werden.

Andockmodus auch in Word und PowerPoint

Der Andockmodus funktioniert nicht nur mit dem Internet Explorer, sondern auch mit Word und PowerPoint.

In Word ist das sehr interessant, wenn man die Aufgabe hat, ein längeres Word-Dokument, beispielsweise eine Master-Thesis, durchzuarbeiten. Jeder Eintrag in OneNote wird genau mit der aktuellen Cursor-Position im Word-Dokument verknüpft.

In PowerPoint dient es der Kommunikation bei der gemeinsamen Erstellung einer umfangreichen Präsentation.

Entscheidungsvorbereitung und Entscheidung dokumentieren

Um nach dem Sammeln die Auswahl zu erleichtern, sind die Kategorien das richtige Werkzeug. Hier empfehle ich, drei Kategorien anzulegen:

- Preis-Leistungs-Sieger
- Hochwertigstes Angebot
- Buchen

Als Kategorien angelegt ergibt sich diese Bild:

Abbildung 98: Kategorien für die Recherche

Als Symbol für »Buchen« habe ich eine Aufgabenkategorie gewählt, diese kann nach erfolgter Buchung abgehakt werden.

Die Bewertung erfolgt durch Kategorisieren der entsprechenden Einträge.

Ist die Entscheidung gefallen, erhält die Notiz die Kategorie »Buchen«.

Ist die Buchung erfolgt, wird das Kategoriesymbol mit einem Häkchen versehen. So habe ich über die Schaltfläche *Kategorie suchen* jederzeit einen Überblick über den aktuellen Stand.

Abbildung 99: Suchergebnis Kategoriesuche

Buchungen dokumentieren

Ist eine Buchung erfolgt, erhält man eine Buchungsbestätigung: entweder in Form einer druckbaren Webseite, einem PDF oder einer E-Mail. Anstatt diese auf Papier zu drucken, legen Sie den Ausdruck digital in OneNote ab.

Eine Webseite

Gehen Sie im Internet Explorer wie gewohnt auf die Druckvorschau. Wenn Sie dann *Drucken* auswählen (oder ALT + D drücken), können Sie im Dialogfenster *Send to OneNote 2013* als Drucker aktivieren.

Abbildung 100: OneNote im Internet-Explorer-Druckertreiber

Eine E-Mail

Erhalten Sie die Buchungsbestätigung per E-Mail, geht das ebenfalls ganz zügig:

- Im Menüband START auf das OneNote-Icon klicken

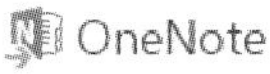

Abbildung 101: An OneNote senden in Outlook

- Im folgenden Dialogfenster den Zielort wählen
- Das Ergebnis sieht so aus:

Abbildung 102: E-Mail-Kopf mit Anlage nach der Übertragung aus Outlook

- Nicht im Bild ist der Text der E-Mail, der natürlich mit übertragen wird.

Achtung, nicht für steuerlich relevante E-Mails ausreichend!

Vielleicht sehen Sie hier eine exzellente Methode, E-Mails abzulegen und/oder zu archivieren. Für interne Dokumentationszwecke kann das interessant sein, aber OneNote bietet in diesem Fall nicht die vom Gesetzgeber geforderte Unveränderbarkeit bei der Archivierung digitaler Unterlagen. Eine so abgelegte E-Mail kann ohne Weiteres verändert werden.

Ein PDF-Dokument

Hier haben Sie zwei Möglichkeiten zum Einbinden: entweder als Ausdruck, dann gehen Sie über das Druckmenü des PDF-Readers und wählen OneNote als Drucker aus, wie auf Seite 172 gezeigt. Oder – wenn Sie die PDF-Datei bereits in ihrer Ablage gespeichert haben – machen Sie auf der OneNote-Seite eine Dateianlage über *EINFÜGEN – Dateianlage.*

Eine Übersicht erstellen

Theoretisch gibt es bei der Kategoriesuche eine wunderbare Funktion:

Abbildung 103: Kategorien suchen – Zusammenfassungsseite erstellen

Meiner Erfahrung nach ist das Ergebnis aber selten genau das Gewünschte.

Hier stelle ich Ihnen eine wenig aufwendige Methode »zu Fuß« vor.

Schritt 1: Erstellen Sie einen neuen Abschnitt ganz vorne im Notizbuch mit dem Namen *Unterwegs.*

Schritt 2: Kopieren Sie nun die Informationen aus dem Notizbuch hinein, die unterwegs tatsächlich benötigt werden. Das sind die Buchungsbestätigungen, Onlinetickets und gegebenenfalls Adressen und Telefonnummern. Egal ob Sie eine Seite oder einen Container kopieren wollen, am schnellsten geht das mit der rechten Maustaste.

Schritt 3: Überlegen Sie nun, welches Ausgabeformat sinnvoll ist. Unterwegs wird nur dieser Abschnitt benötigt.

- Wenn das Notizbuch in einem Cloudspeicher steht, reicht es, diesen Speicherplatz für das Smartphone freizugeben. OneNote-Apps gibt es für alle gängigen Geräte.

- Besonders, wenn Ihre Zusammenfassung auf eine Seite gepasst hat, bietet sich das Senden per E-Mail auf ein mobiles Endgerät an: *DATEI – Senden* und dann passendes Format wählen.

Abbildung 104: Seite per E-Mail senden

1. HTML-Format direkt im E-Mail-Nachrichtenfenster

2. one-Format – OneNote

3. PDF, meiner Ansicht nach die sicherste Variante

- nicht im Bild: Word, weil hier nicht sinnvoll

- Natürlich können Sie die Seite auch ausdrucken und das Papier mitnehmen.

  DATEI – Drucken. Gehen Sie aber bitte unbedingt zuerst in die *Druckvorschau,* damit Sie notfalls noch korrigieren können. Der Nachteil dabei ist, dass Links nicht mehr sinnvoll sind. Andererseits sind Sie weder auf Empfang noch auf Akkuladung angewiesen.

Das Notizbuch schließen

Ist die Reise abgeschlossen, muss das Notizbuch nicht mehr in Ihrer Liste stehen. Sie können es schließen. Die Daten bleiben selbstverständlich erhalten.

- Klicken Sie dazu mit der rechten Maustaste auf den Namen den Notizbuches
- Wählen Sie im Kontextmenü *Dieses Notizbuch schließen*

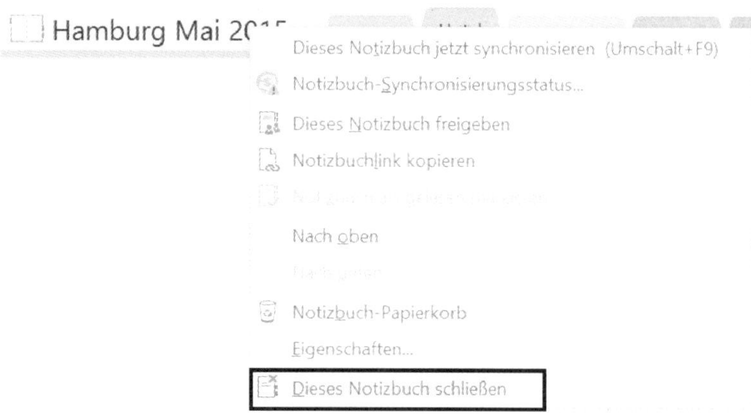

Abbildung 105: Notizbuch schließen

Um das Notizbuch wieder zu öffnen, gehen Sie den gleichen Weg wie in jeder anderen Anwendung auch: *DATEI – Öffnen.*

Informationsmanagement im Team: Das Büro-Handbuch

Die kleine Werbeagentur Starg besteht aus sechs Mitarbeitern. Die Leiterin ist Melanie Starg, für sie arbeiten zwei Grafikdesigner, Peter Druck und Maria Weiß. Anton Mayer ist vorwiegend für Kundenkontakte zuständig, Julia Gerst kümmert sich als Assistentin um

»alles«. Sie wird in einigen Monaten ihr Studium aufnehmen und macht sich nun dran, für ihren Nachfolger oder ihre Nachfolgerin alles Nötige schriftlich festzuhalten, damit der- oder diejenige nicht so »ins kalte Wasser springen« muss wie sie selbst vor vier Jahren.

Planung

Natürlich entsteht dieses Büro-Handbuch nicht an einem Tag. Dennoch ist der Anfang mit OneNote schnell gemacht. Julia überlegt sich, was hinein soll. Die Kundendaten natürlich nicht – dafür gibt es ein professionelles CRM. Aber die Informationen zu guten Kontakten bei den Printmedien und erst recht zu den Programmierern, die auch den noch so ausgefallenen Kundenwunsch beim Webauftritt umsetzen können – diese Infos stehen »überall und nirgends«.

Julia beginnt mit dem Organigramm. Dafür reicht eine Seite. Wer hat welche Schlüssel? Wer ist im Notfall zu benachrichtigen? Das sollte auch dazu.

Dann natürlich: das eigene Unternehmensdesign, das Logo, die Visitenkarten, die Druckvorlage für die Geschäftspapiere. Das ist zwar abgelegt, aber nicht so benannt, dass jemand, der nicht dabei war, das finden könnte.

Was sollte man wissen an diesem Platz, was nicht allgemeines Büro-Know-how ist?

Die grundsätzlichen Abläufe natürlich. Wie wird ein Neukunde angelegt? Wie geht ein Briefing? Was muss wie dokumentiert werden? Neukundengewinnung fällt zwar eigentlich in Antons Bereich, aber Julia vertritt ihn gelegentlich, deshalb möchte sie zumindest die Grundzüge in ihrem Handbuch festhalten.

Erster Entwurf

Ihr erster Entwurf sieht so aus; in der Abbildung sind die Abschnitte zu sehen und die Seiten zu Organisatorischem, DesignSW und zu den Abläufen.

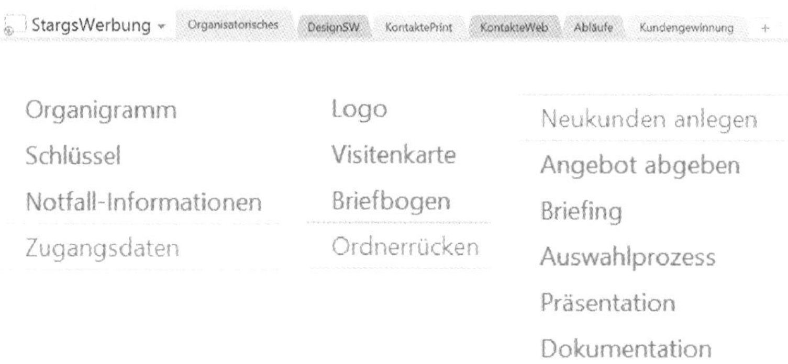

Abbildung 106: Erster Entwurf für ein Büro-Handbuch

Inhalte einpflegen

Die Organigramme sind auf dem Laufwerk gespeichert. Hier fügt Julia nur einen Link ein, damit nicht jede Änderung an zwei Dokumenten durchgeführt werden muss. Die Funktion heißt: *EINFÜGEN – Link.*

Die Liste, wer welche Schlüssel hat, ist zwar auch im Laufwerk, Julia entscheidet aber, dass diese direkt im Büro-Handbuch besser aufgehoben ist. Sie macht eine Dateianlage auf der entsprechenden Seite und löscht die Datei im Laufwerk. Sicherheitshalber schreibt sie auf die Seite noch eine Notiz. Das ist ein großer Zusatznutzen von OneNote – zu einer Datei kann noch ein erklärender Text geschrieben werden.

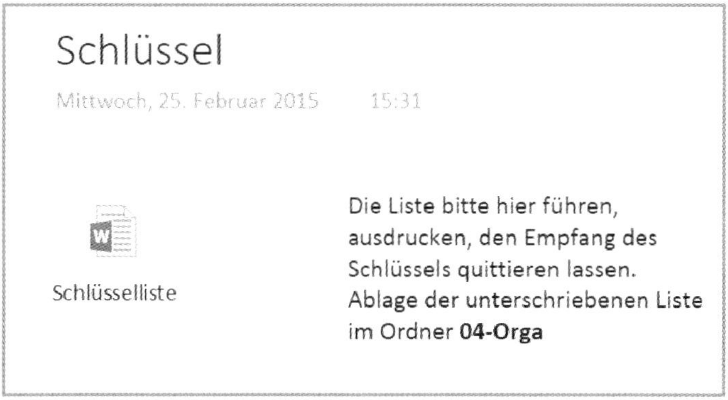

Abbildung 107: Die Schlüsselliste mit Beschreibung

Kennwortschutz

Der Abschnitt mit dem Organisatorischen enthält sensible Daten. Daher entscheidet sich Julia für einen Kennwortschutz für diesen Abschnitt.

- Rechtsklick auf das Register
- *Diesen Abschnitt durch ein Kennwort schützen ...* wählen
- Im Aufgabenbereich *Kennwortschutz* das *Kennwort festlegen*

Abbildung 108: Kennwortschutz für einen Abschnitt

Julia sucht noch einen Platz, an welchem sie die vielen Benutzerinformationen zu Webseiten hinterlegen kann. Dass dort keine Passwörter im Klartext stehen, ist selbstverständlich. Aber auch andere Infos, die nicht so sensibel sind, aber dennoch einen gewissen Schutz brauchen, sind in einem geschützten Abschnitt recht gut aufgehoben.

Tipp zu sicheren Passwörtern

Passwörter wie »Minka« (die Katze) oder »Baum« (steht vor dem Fenster) sind meist nicht mehr möglich und auch sehr unsicher. Wie aber generiert man ein sicheres Passwort, das man sich auch noch merken kann? Hier kommt mein Tipp:

Denken Sie sich einen Satz aus, der für Sie naheliegend ist, etwa »Vor meinem Fenster stehen drei aufrechte Bäume.« Das Passwort dazu geht so: VmFs3§B. Es sind immer die Anfangsbuchstaben der Wörter, das Zahlwort ist als Zahl geschrieben und das Wort »aufrecht« durch ein Paragrafenzeichen ersetzt. Damit haben Sie die Vorgaben für ein sicheres Passwort erfüllt. Wenn Sie nun zu Ihrem Benutzernamen einfach »Baum« schreiben, reicht das für Sie als Passworthinweis, dennoch bleibt das Passwort sicher.

Julia schreibt auf der geschützten Seite *Zugangsdaten* die Infos immer in der gleichen Reihenfolge auf:

Adresse – Benutzernamen oder Kundennummer – Passworthinweis

Das ist in jedem Fall sicherer als das beliebte Blatt unter der Schreibtischunterlage.

Einheitliches Design pflegen

Natürlich ist Julia nicht für die Erstellung des Firmenlogos und der Visitenkarten zuständig, aber sie bestellt diese bei der Druckerei. Daher hat sie die Unterlagen bei sich. Die Seite *Visitenkarten* erhält Unterseiten – eine pro bestellter Visitenkarte. Damit Julia jederzeit den Überblick hat, fügt sie die Druckdateien der Visitenkarte als Dateiausdruck ein. Die Funktion *Dateiausdruck* auf dem Menüband EINFÜGEN bietet drei Funktionen gleichzeitig:

- die Datei
- den Link zu der Originaldatei
- das Druckbild

Kleine Änderungen, die man sich merken möchte, wenn ohnehin wieder bestellt werden muss, können einfach danebengeschrieben oder auch mit der *Zeichnen*-Funktion markiert werden.

Das Einzige, was direkt im Büro mit Word erstellt wird und auch das Logo trägt, sind die Ordnerrücken-Schilder. Auch diese werden als Vorlage-Datei erstellt und über die Funktion *Dateiausdruck* eingepflegt.

Outlook-Kontaktdaten weiternutzen

Bisher hat Julia die Daten zu ihren Kontakten für Print und Web einfach in Outlook gespeichert. Aber sie wünscht sich, mehr Informationen hinzufügen zu können, und außerdem möchte sie diese Infos auch anderen im Büro zugänglich machen. Sie bringt ihre Kontaktinformationen (in Outlook 2013 *Personen*) in OneNote ein.

- Person auswählen und Kontaktdaten prüfen
- Kontakt in den gewünschten Abschnitt verknüpfen
- Informationen ergänzen

Abbildung 109: Kontaktinformationen in OneNote

Nun steht eine Kopie der Kontaktinformationen in OneNote. Wenn der oben eingerahmten Verknüpfung gefolgt wird, kommt man wieder zurück zu dem Outlook-Element. Wird dieses geändert, muss es erneut verknüpft werden.

Standardsendeziel definieren

Julia findet es nervig, dass jedes Mal, wenn sie einen neuen Kontakt nach OneNote bringen will, nach dem Ziel gefragt wird. In den Optionen lässt sich das – für alle Quellen – vorab definieren.

DATEI – Optionen – An OneNote senden

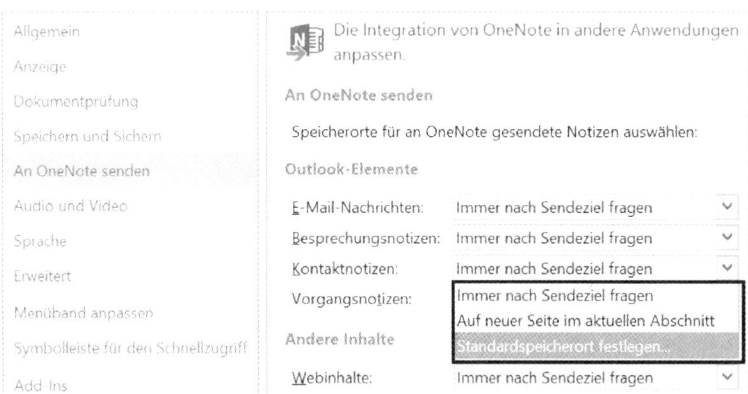

Abbildung 110: Speicherort definieren

In diesem Fenster können Sie für jedes nach OneNote zu sendende Element einen Speicherort vorgeben. Die Werkseinstellung ist überall *Immer nach Sendeziel fragen.*

Wenn bestimmte Inhalte stets an dieselbe Stelle gespeichert werden sollen, geben Sie diese beim Standardspeicherort vor.

Ebenso könnten Sie auch festlegen, dass es immer eine neue Seite des aktuellen Abschnittes sein soll, wenn Ihre Arbeitsweise eher so ist, dass sie bereits in OneNote an der passenden Stelle stehen, wenn Sie Inhalte einpflegen.

Das Notizbuch freigeben

Julias Notizbuch soll Zug um Zug ein Nachschlagewerk für das ganze Team werden. Nachdem sie das Grundgerüst und die wichtigsten Inhalte eingepflegt hat und mit dem Handling vertraut ist, möchte sie die Kollegen mit ins Boot holen. Dazu wird das Notizbuch freigegeben.

- Wählen Sie *DATEI – Freigeben*

Abbildung 111: Freigabe eines Notizbuches

(1) *Personen einladen* – ist sofort aktiv.

(2) Geben Sie hier die Adresse(n) ein oder wählen Sie die Personen aus dem Adressbuch.

(3) Wählen Sie hier die Art der Freigabe – nur Leserecht oder auch Schreibrechte (nicht in OneNote 2010).

(4) Fügen Sie – wenn Sie mögen – noch eine Nachricht hinzu.

(5) Laden Sie die Personen ein.

(6) Alternativ können Sie auch einfach einen Freigabelink abrufen, den Sie dann per E-Mail versenden können.

Wenn die eingeladene Person dem Link folgt, erscheint das Notizbuch in deren Notizbuchliste und kann gelesen beziehungsweise bearbeitet werden.

OneNote unterwegs

OneNote Notizbücher, die auf einem Gerät geöffnet sind, synchronisieren sich, sobald eine Verbindung zum Speicherort besteht. Dennoch sind **alle geöffneten Notizbücher auch offline voll nutzbar**. Sollte es bei mehreren Anwendern zu Synchronisierungsproblemen kommen, meldet OneNote das und verschiebt redundante Seiten in einen separaten Abschnitt.

Anhang

Die folgenden Formulare können Sie auch auf www.sigridhess.de/downloads herunterladen.

Agenda

Gremium				
Titel				
Raum / Ort				
Zeit	Datum um Uhrzeit Uhr			
Verantwortlich	Leitung	Moderation	Protokoll	Zeitwächter
Teilnehmende				
Gäste				

Nr.	Inhalt	zuständig	zur Info	zur Entscheidung
TOP 1				
TOP 2				

Agenda

Checkliste

Entwicklung	Entwurf	Prüfung
– Klares Ziel/klarer Auftrag der Checkliste benannt Für jeden Punkt: – Wichtig für korrekten Ablauf – Nicht anderweitig abgesichert Klare Antwort möglich/erforderlich – Sind Menschen, die damit arbeiten werden, am Entwicklungsprozess beteiligt?	kurz und klar formuliert – Dateiname passend – übersichtlich strukturiert – wo sinnvoll: Orientierung mit Symbolen z.B. ➔ oder ⓘ – Erstelldatum und Version erfasst für mehrteilige Checklisten: – maximal eine Seite pro Einheit – maximal 10 Punkte pro Einheit	– Mitarbeiter testen in realen Situationen – Ergebnisse des Tests einarbeiten – Checkliste in den Arbeitsablauf gut implementieren – Werden Fehler zu einem Zeitpunkt entdeckt, an dem sie noch korrigiert werden können? – Kann die Checkliste mit angemessenem Aufwand angepasst werden? – Gibt es einen Plan für regelmäßige Überprüfungen der Tauglichkeit und Anpassung (ca. 1xjährlich)?

Protokoll

Gremium		Statusanzeige: (Abruf: Kennziffer + F3)
Titel		1 – wartet / 3 – fast fertig / 0 - zurückgestellt
Raum/Ort		2 – in Arbeit / 4 – erledigt / K - kritisch
Zeit	Datum/Uhrzeit	Bemerkungen
verantwortlich		
Teilnehmer		
Gäste		

Nachfolgende Punkte wurden besprochen:

	TOP	zuständig	Termin	Status	Registerwort bei Beschluss
TOP 1	Ergebnis:				
TOP 2					

Protokoll

Produktivitätsliste

Produktivitätsliste Produktmangement KidsMilk

Produkt	Aufgabe	eingestellt	zu erledigen bis	zuständig	Status	erledigt am	Bemerkung
Sternigurt	Relaunch koordinieren	03.11.2014	24.11.2014	Bluhm	wartet auf anderen		
Kleine Früchtchen	Verkostung auswerten	04.11.2014	24.11.2014	Berg	in Arbeit		
Zaubermilch	Neuentwürfe Etikett bestellen	05.11.2014	10.11.2014	Gruber	erledigt	07.11.2014	
Bärenquark	Umstellung neue Packungsgröß	05.11.2014	01.12.2014	Berg	fast fertig		
Sternigurt	Kennzeichnung überprüfen	07.11.2014	18.11.2014	Bluhm	zurückgestellt		neue EU Richtline wird abgewartet
Bananenjoe	Umstellung neue Packungsgröß	10.11.2014	01.12.2014	Bluhm	in Arbeit		
Quark to go	Verkostung auswerten	10.11.2014	17.11.2014	Reisch	erledigt	14.11.2014	
Dippers	Qualitätsprobleme überwachen	10.11.2014	laufend bis Jan.	Berg	in Arbeit		
Zwergels	Marktstudie auswerten	11.11.2014	18.11.2014	Hamm	erledigt		
Zwergels cool	Marktstudie auswerten	12.11.2014	18.11.2014	Hamm	erledigt		
Milli Munter	Neuentwürfe Etikett bestellen	13.11.2014	18.11.2014	Gruber	wartet auf anderen		
Zwergels	Packungssentwürfe prüfen	18.11.2014	07.12.2014	Hamm	zurückgestellt		
Zwergels cool	Packungssentwürfe prüfen	18.11.2014	07.12.2014	Hamm	zurückgestellt		

Über die Autorin

Sigrid Hess trainiert, berät, schreibt und coacht seit 1999 zu fast allen Themen, die die Arbeit im Büro verbessern. Vom großen Konzept bis zur täglichen PC-Praxis – Prozessoptimierung auf praktische und alltagstaugliche Art ist ihr Ziel. Als Ingenieurin in der Pharmaindustrie bringt sie Hintergrundwissen zum Qualitätsmanagement genauso mit wie ein gutes Gespür für Umsetzbarkeit und Nutzen ihrer Konzepte.

Literaturverzeichnis

Bork, Pia: *Microsoft Word 2010 – Änderungen verfolgen, Dokumente vergleichen (Profiwissen im Büro),* 2013, Kindle Edition.

Fischbach, Jan: *Eine Checkliste ist weder Plan noch Fragebogen. www.teamwork-blog.de* : s. n., 18.02.2013.

— *Eine Metaanleitung für Projektmanagement (Teil 1/2) . www.teamworkblog.de* : s. n., 16.05.2014.

— *www.teamworkblog.de. Noch einmal E-Mail-Flut und was Teams dagegen tun können*: s. n., 10.12.2012. http://www.teamworkblog.de/2012/12/noch-einmal-e-mail-flut-und-was-teams.html.

Fischbach, Jan; Steinbrecher, Wolf: *Projektablage: Wie aus einer lästigen Pflicht eine mächtige Plattform für Zusammenarbeit wird.* Kindle Edition, 2014.

Gawande, Atul: *Checklist-Strategie: Wie Sie die Dinge in den Griff bekommen,* btb-Verlag, 2013.

Hahner, Markus; Schneider, Kai: *Word: Schnellbausteine gemeinsam mit Outlook nutzen • Für 2013, 2010, 2007.* https://www.youtube.com/watch?v=i6SAP866MRA : s.n., 25. 08 2013.

Hahner, Markus; Wilke-Thissen, Elisabeth: *Microsoft Word 2010 – Das Ideenbuch für schlaue Vorlagen und Formulare,* O'Reilley-Verlag BmbH & Co. KG, 2013

Hess, Sigrid: *OneNote 2013 Grundkurs kompakt,* HERDT-Verlag, 2013. K-ONE2013-G.

— *Perfekt im Office,* Redline Verlag, 2012.

Mackenzie, R. Alec: *Die Zeitfalle – Sinnvolle Zeiteinteilung und Zeitnutzung,* I. H. Sauer-Verlag, 1974.

Natusch, Cordula; Kettl-Römer, Barbara; Bögner, Tanja: *Protokolle schreiben: Professionell, strukturiert und auf den Punkt gebracht,* Linde-Verlag, 2013.

Nöteberg, Staffan: *Die Pomodoro-Technik in der Praxis: Der einfache Weg, mehr in kürzerer Zeit zu erledigen,* punkt.verlag, 2011.

Schieke, Dieter; Schuster, Helmut; Schwenk, Jürgen: *MicrosoftOffice Excel 2010 – Das Handbuch,* O' Reilley-Verlag BmbH & Co. KG, 2010.

Steinbrecher, Wolf: *Touchpoint-Unternehmen: Welche Business-Software schafft »Möglichkeitsräume«?.* www.teamworkblog.de, 13.10.2014.

Steinbrecher, Wolf; Müll-Schnurr, Martina: *Prozessorientierte Ablage, Dokumentenmanagement-Projekte zum Erfolg führen,* Gabler, 2014.

Schulz von Thun, Friedemann: *Miteinander reden: 3, Das »Innere Team« und situationsgerechte Kommunikation,* Rowohlt Taschenbuch Verlag GmbH, 1998.

Weltz, Friedrich; Bollinger, Heinrich; Rolf G. Ortmann: *Qualitätsförderung im Büro: Konzepte und Praxisbeispiele,* Campus Verlag, 1989.

Wischner, Stefan: *Microsoft OneNote 2013.* s. l.: Markt + Technik Verlag, 2014.

Ausgewählte Links zu Office-Seiten:

Pia Bork: www.borkpc.de und http://borkpc.blogspot.com/

http://www.office2013-blog.de/

www.fasteasy.at

Youtube-Kanäle von Markus Hahner und Andreas Thehos

Anmerkungen

1 Bollinger, *Qualitätsförderung im Büro,* ab Seite 39
2 Steinbrecher, *Prozessorientierte Ablage,* S. 118
3 Wie das geht mit der Vorlage für ein Diagramm, erfahren Sie ab Seite 140
4 aus: Gawande, *Checklist-Strategie*
5 Fischbach, *www.teamworkblog.de* vom 18.02.2013
6 Vielen Dank an Frau Lancé von »Passform« in Ravensburg für die freundliche Erlaubnis, das Beispiel hier zu veröffentlichen.
7 Download bei www.sigridhess.de/downloads
8 Mackenzie, *Die Zeitfalle,* S. 73
9 Hess, *Perfekt im Office,* ab S, 146
10 Die Idee habe ich von Wolf Steinbrechers Anekdote 2 in seinem Blogartikel
11 Die Liste gibt es als Musterdatei bei www.sigridhess.de/downloads
12 Schaltfläche rechts anklicken, dann *Zu Symbolleiste für den Schnellzugriff hinzufügen* wählen.
13 Näheres dazu in: Hess, *Perfekt im Office,* S. 197
14 Wenn Sie in das Thema Ablage in Projekten tiefer einsteigen wollen, Jan Fischbach und Wolf Steinbrecher haben dazu geschrieben. Die Titel finden Sie in der Literaturliste (Fischbach, *Eine Metaanleitung für Projektmanagement* oder Steinbrecher, *Touchpoint-Unternehmen*)
15 Es wurden rund 600 Personen im Alter zwischen 17 und 72 Jahren befragt. Laura Roschewitz und Claudia Gerhardt, *Wunsch nach Entschleunigung: Eine empirische Studie zu dem Einfluss von Autonomie, Verhaltenskontrolle und Overcommitment, unveröff. BA der Hochschule Fresenius. Kurze Auszüge abgedruckt in Working Women* Nr. 1, Winter 2014, Seite 69
16 siehe Seite 113, Die Methoden des Qualitätsmanagements auf die administrative Arbeit zu übertragen ist keine einfache Übung. Es klappt recht gut dort, wo es sich um stark strukturierte Büroprozesse handelt. Beim Erfassen von Kundendaten oder in der Finanzbuchhaltung, im Callcenter oder bei der Arbeitsvorbereitung kann man in weiten Teilen durchaus mit Kennzahlen arbeiten und einen aussagekräftigen Vergleich von der Qualität der Arbeit an verschiedenen Tagen oder Arbeitsplätzen erstellen. Immer dann, wenn die Arbeit in einer guten Form messbar ist. »Wer braucht das wozu?« – Schnittstellen definieren
17 Daher kommt auch der Name »Pomodoro-Technik« s. Nöteberg, *Die Pomodoro-Technik in der Praxis*
18 z. B. von Bögner, Tanja; Kettl-Römer, Barbara; Natusch, Cordula: *Protokolle schreiben: Professionell, strukturiert und auf den Punkt gebracht,* Linde, 2013
19 Ein vorbereitetes Excel-Dokument finden Sie bei: www.sigridhess.de/downloads
20 Fischbach, *Eine Metaanleitung für Projektmanagement*
21 Schulz von Thun, *Miteinander reden*
22 Jan Fischbach hat das ausgerechnet. s. Fischbach, *Noch einmal E-Mail-Flut*
23 Hier ist die Funktion kurz beschrieben – damit können Sie arbeiten. Wenn Sie in die ganze Tiefe einsteigen wollen, empfehle ich Pia Borks Buch *Microsoft Word 2010 – Änderungen verfolgen, Dokumente vergleichen*
24 Genauer und ausführlicher finden Sie die Anleitung zu OneNote 2013 in meinem Kompaktkurs vom HERDT-Verlag. Detailinfos in der Literaturliste
25 Hier behandle ich ausschließlich die »normale« Desktopversion OneNote 2013. Die anderen Versionen unterscheiden sich in manchen Dingen, nicht aber in der grundsätzlichen Funktion. Wenn Sie hier tiefer einsteigen wollen, empfehle ich Stefan Wischners Buch *OneNote 2013.* s. Wischner, *Microsoft OneNote 2013*
26 Wie das genau geht, habe ich in *Perfekt im Office* gezeigt. s. Hess, *Perfekt im Office*

Stichwortverzeichnis

A
Ablage/Ablegen
-digitale 52, 60, 104
-eigene 44, 69
-in OneNote 64f.
-nach Themen 62
-von E-Mails 60, 62
-zentrale 46, 53, 63
Agenda 32, 84f., 125, 130f., 133f., 185
Änderungen nachverfolgen 111–115, 120
Andockmodus 167, 169f.
Ansprüche 7f., 77, 87f.
AutoFilter 145
AutoFormat 96
AutoKorrektur 95f., 121–125
AutoText 96, 134f.

B
Bedenkzeit 77ff.
Beschlussregister 86f.
Besprechung 84f., 91, 130, 160ff., 166
Biorhythmus 91
Blog17, 37, 44
Brainstorming 29, 50
Brückenkopf-E-Mail 64
Büro-Handbuch 153, 176ff.

C
Checkliste 14–20, 25, 27, 32, 67, 126, 186

D
Datedif (siehe auch: Datumsdifferenz) 151
Dateinamensyntax 64f., 68
Datumsauswahl 128, 131
Datumsdifferenz (siehe auch: Datedif) 151f.
DMS 64
Do confirm 17–20
Dokumentfreigabe 63, 117ff., 154, 159, 183
Dokumentschutz 119f.
Drag-and-Drop 104
Drop-down-Listen 23, 128

E
Echtzeitprotokoll 160
Effektivität 38, 80, 82
Effizienz 20, 45, 61, 80, 83f., 130
Entwicklertools 119, 127f., 131
Erwartungen 87f.
Excel 13, 20, 32, 39, 47, 54, 137–152
-Filterfunktionen (siehe auch: Filter) 144–151
-Tabelle 53, 86f., 145, 157
-Umfrage-Tool 20
-Vorlagen (siehe auch: Vorlagen) 137–144
Excel 2010 140ff.
Experte sein 39, 47f., 60, 67, 82f., 93

F
Feldfunktion 125f.
Filter 38, 41, 45, 53, 144–151
-auflösen 148
-AutoFilter 145
-Datumsfilter 151
-E-Mail-Filter 42f.
-Leere 151
-Spezialfilter 148f., 151
-Textfilter 146, 150f.
-Zahlenfilter 149, 151
Fischgrät-Diagramm 29
Flow-Chart 31, 35
Formular 14ff., 20ff., 23ff., 32, 67, 84, 100, 120, 126, 128ff.
FreeMind 29

G
Gantt-Diagramm 29, 32f.
Gesprächsnotiz 59, 105f., 108f.

H
Hyperlinks 51

I
Indexbegriffe 55
Informationsmanagement 37–71, 76, 153, 165, 176
Input 14ff., 27
Internetrecherche 158
Ishikawa 29f.

K
Kanban 62, 103
Kennwortschutz 179
Kernprozess 11f.
Kombinationsfeld – Inhalt 128
Kommentare in Word 116f., 120
Kompetenzmatrix 47f.
Kontrollkästchen 23, 63, 69, 100, 115, 119, 128, 146ff., 151

L
Lotus Notes 84

M
Markierung 69ff.
Markup 112f., 115
Medienbruch 21
Meeting 53, 84ff., 91, 93, 130
Microsoft Office 2010 95
Microsoft Office 2013 95
Microsoft Project 33
Mindmap 28f., 39ff.
Moderator 85

N
Negativliste 41
Notizbuch 41, 51, 153–156, 159f., 165f., 174ff., 183f.

O
Office-Tagebuch 74
OneDrive 154, 159
OneNote 44, 51, 153–184
-Ablegen in 63
-für unterwegs 184
-Informationsmanagement, persönliches 165–176
-Informationsmanagement im Team 176–183
-Notizbuch 51, 154–160, 183f.
Outlook-Aufgaben in 163f.
Outlook-Kontaktdaten nutzen 181f.
-Protokoll weitergeben 164f.
-Telefonkonferenz-Echtzeitprotokoll 160–163
OneNote-App 175
Ordner, digitaler, 52
Outlook 43, 59–64, 67, 74, 84f., 95ff., 100, 102f., 125, 156, 160, 163f., 173, 181f.
-Aufgaben übertragen in 163f.
-E-Mails generieren 95f.
-Kontaktdaten nutzen 181f.
OneNote senden in 173
-Vorlagen in 100ff.
-Zeit sparen in 95ff.
Output 14, 27
Overcommitment 76

P
Passwort 180
Pausen 80
PDCA-Zyklus 33–36
PDF 117, 165, 172, 174f.
Pivot 39
Planktonprozess 11f.
Positivliste 41, 77
PowerPoint 31, 138, 157, 170
Produktivitätsliste 47, 53, 150
Protokoll 19, 32, 53, 66, 75, 84, 86f., 125, 130, 133ff., 160, 162ff., 185, 187
Protokollant 85
Prozessdokumente 31f., 67

Q
QuickStep 97–100

R
Read do, 17f.
Registerwort 86f., 187
Rich Text 128f.
RSS-Reader 44

S
Schnellbausteine 96f., 100, 125f., 133ff.
SharePoint 64

Steuerelemente 120, 128f., 131, 134
Symbole 75, 86 96, 98, 134f., 171, 186

T
Teamablage 63
Teampostfach 58f., 63, 105f.
Termintreue 152

U
Übergangszeit 78
Unterstützungsprozess 11f.

V
Versionierung 66
Visio 30f., 39
Vorlagen 32
-aufrufen 135f.
-in Outlook 100ff.
-erstellen 101
-speichern 101
-verknüpfen 101f.
-Diagramm 140ff.
-für Agenda 84, 130ff.
-für Arbeitsmappen 143f.
-für Gesprächsnotiz 106ff
-für Protokoll 84, 133ff.
-Ordner für 67
-Persönliche 136
-Speichern 135
-Zellenformat 137ff.

W
Whiteboard 90, 93
Wissen
-anwenden 52
-aussortieren 52
-bewerten 52
-erzeugen 51
-organisieren 51
-statisches 49
-dynamisches 49
Wissenslandkarte 38ff.
Wissensziele 38f., 44, 48ff., 81ff.
Wissenszyklus 48ff.
Word 20, 51, 53, 65, 84, 86, 95, 86, 96, 111–136
-Änderungen nachverfolgen 111–115
-AutoKorrektur 120–125
-Bearbeitung einschränken 119f.
-Checklisten 126ff.
-Dokumente prüfen 117ff.
-Dokumentschutz 119f.
-FlowChart 31
-Formulare 126f.
-Kommentare erstellen/bearbeiten 116f.
-Seitenzahl-Schnellbausteine 125f.
-Tabelle 25, 32
-Textbausteine 96
-Vorlagen 130–136
Word 2013 39

Z
Zeitfenster 82, 93
Zeitmanagement 80
Zeitwächter 85
Ziel/vom Ziel her denken 81f.